**공간은**
**교육**이다

내 아이의 미래를 바꾸는 행복한
공간 이야기

# 공간은
# 교육이다

김경인 지음

중앙books

# 공간은 곧, 교육이다

아이들을 위한 공간 만들기에 대한 일을 해온 지 벌써 십수 년이 훌쩍 지났다. 2008년 '문화로 행복한 학교 만들기' 사업을 시작한 후, 그 경험을 토대로 첫 책《공간이 아이를 바꾼다》(2014, 중앙북스)를 썼다. 삭막한 학교 공간이 바뀌기를 바라는 마음으로 시작한 일이 실제로 아이들뿐만 아니라, 심지어 교사, 학부모까지 공간에 대한 인식을 크게 바꾸는 모습을 목도하는 놀라운 경험을 했다. 아마도 그때부터 공간 자체가 아이들을 위한 교육이 될 수 있으며, 또 공간이 대한민국의 교육 문화까지 바꿀 수 있다는 확신을 가지게 되었다.

그 후로도 서울시가 추진한 '꾸미고 꿈꾸는 학교 화장실 시범사업'을 총괄했고, 2019년부터는 2년 동안 서울시 강동구에서 도시경관 총괄기획가로 일하며 '우리가 꿈꾸고 만드는 행복학교 사업'을 총괄하기도 했다.

지자체를 통해 다양한 연령과 계층의 시민들이 필요로 하는 공간에 대한 자문을 하면서 잘 만든 공간이야말로 곧 복지며, 아이들에게는 교육이라는 사실을 절감했다. 이 책은 바로 경관 및 공간 디렉터이자 아이를 길러온 부모의 입장으로서 이에 대한 깊은 고민과 분석의 과정을 담아낸 나의 두 번째 책이다.

### 아이의 미래를 바꾸는 4가지 공간

아이가 성장하는 데 있어 어떤 공간이 필요할까? 또 이런 공간은 어떻게 만들어져야 하는가. 이 책은 '아이의 공간은 어른의 공간과는 달라야 한다'는 명제에서 출발한다. 아이가 성장하며 다양한 공간에서 쌓은 경험은 그 아이가 성인이 되어서도 그의 삶에 지대한 영향을 미치기 때문이다. 만약 아이의 경험이 쌓여, 그 경험이 한 사람을 이룬다고 생각하면 지금 우리 아이가 경험하는 공간의 중요성이 얼마나 큰 것인지를 아는 부모가 과연 얼마나 될까?

좋은 공간은 그 자체가 교과서이자 교육이다. 그리고 부모가 선택하고 만드는 좋은 공간에서 자라는 아이는 성장하며, 행복한 경험을 만들 수 있다. 그러기 위해서는 바로 아이들 공간에 대한 어른들의 인식과 철학부터 개선되어야 한다.

아이는 성장하며, 넓은 범주에서 네 가지 공간을 만나게 된다. 먹고 자며 주로 생활하는 '주거공간', 그리고 학교나 학원과 같이 배움을 얻는 '교육공간', 그리고 다양한 문화적 체험을 할 수 있는 '문화공간', 그리고 도시에 사는 아이라면 주변 모든 환경을 아우르고 있는 '도시공간'이다. 이 책을 통해 이 네 가지 공간이 아이들의 사고, 행동, 인성, 감성 등에 어떤 영향을 미치는지, 또 '아이를 위한 행복한 공간'은 과연 무엇인지를 분석하고, '아이의 잠재력과 감성을 키우는 공간'을 탐색한다.

한국의 아이들은 이미 어린 시절부터 공부에 시달리며, 집에서조차 편히 쉬지 못하는 경우가 많다. 아이들에게 휴식의 시간을 충분히 주면서 압박받지 않고, 자연스럽게 공부할 수 있는 환경을 만들어주기 위해서는 이를 위한 공간과 그 공간을 이루는 디자인이 반드시 필요하다. 부모들이 이 같은 사실을 이 책을 통해 조금이라도 이해하고, 주거 공간과 도시 공간 주변의 녹지도 아이들의 인성과 감성에 큰 영향을 준다는 것을 새롭게 깨닫게 되기를 바란다.

마지막으로 아이가 성장하는 데 꼭 필요한 정서적으로 안정된 공간, 학습 능력을 높이는 공간, 창의력을 발휘하는 공간, 미래를 밝히는 공간이 무엇인지 알아보는 과정을 통해 우리 모두가 대한민국 아이 교육에 대한 해답을 얻었으면 한다.

새로운 봄을 기다리며, 김경인

차례

들어가며 | 공간은 곧, 교육이다

# 1
## 우리 아이는 어떤 곳에서 살아야 할까

**주거공간**

# 2

## 학교공간,
## 어떻게
## 바꿀 수 있을까?

### 교육공간

# 3

## 아이의
## 창의력과 감성을
## 키우는 곳

### 문화공간

# 4

## 아이의 미래를 만드는 곳

### 도시공간

# URBAN SPACE
# CULTURAL SPACE
# EDUCATIONAL SPACE
# LIVING SPACE

# 1

## 우리 아이는
## 어떤 곳에서
## 살아야 할까

### 주거공간

# 아이를 키우기 좋은 곳은 어디일까

●         우리는 매일 수많은 공간을 거친다. 집에서 나와 아파트들이 하늘을 찌르는 콘크리트 숲을 지나기도 하고, 단독주택들이 다닥다닥 붙어 있는 좁은 골목을 지나기도 한다. 다양한 공간을 거쳐 우리 모두는 학교로, 직장으로 간다.

하루에도 몇 번씩 사무실, 카페, 가게, 공원 등의 다양한 공간을 지나고, 모두 기억하지는 못하지만 우리가 지나친 공간의 영향을 크고 작게 받으며 살아간다. 왜일까? 공간이란 곧 사람을 담는 그릇이기 때문이다. 담는 그릇의 모양에 따라 물이 달라지듯, 공간에 따라 사람도 달라질 수 있다.

하루 종일 방에서 공부만 한 사람과 머리를 식히기 위해 근처 공원

신구 건축물이 조화롭고 아름다운 경관을 이루는 일본 도쿄역 광장 일대

을 산책한 사람의 마음가짐과 기분은 매우 다르다. 오늘 만난 공간에 따라 사람의 생각과 마음은 달라지고, 장기적으로 머무는 공간의 상태에 따라 그 사람의 성격과 인성도 차츰 달라질 수 있다는 의미다. 영국의 수상이었던 윈스턴 처칠은 "우리가 건물을 만들지만 그 건물은 우리를 만든다"라고 했다. 우리는 공간을 만들지만, 그 공간이 결국 우리를 만든다.

이처럼 공간이 사람의 인지와 행동에 미치는 영향은 우리의 상상보다 매우 크다. 인간은 공간과 떼려야 뗄 수 없는 관계다. 공간은 집에 사는 가족, 학교에서 공부하는 아이, 직장에서 일하는 직원, 식당에서 식사하는 손님, 여행지를 찾는 방문객 등 모두에게 영향을 미친다. 그렇다면 공간은 아이의 삶에 어떤 영향을 미치는 것일까?

## 공간의 우선순위는 어떻게 정해야 할까

아이에게 좋은 환경을 제공해주기 위해 어떤 부모는 시골로 이사를 가고, 어떤 부모는 학습하기 좋은 곳으로 이사를 가고, 어떤 부모는 숲으로 이사를 간다. 물론 어디가 아이에게 좋다는 정답은 없다. 각자 추구하는 삶의 목표가 다르므로, 이는 부모가 내 아이를 어떤 아이로 키우고 싶은가에 달려 있다고 할 수 있다.

나 역시 아이를 키우며 늘 내 아이에게 좋은 환경을 제공해주려고 노력했다. 가장 염두에 두었던 것은 안전이었다. 워킹맘이라면 평소 아이를 자주 살필 수 없으므로 주변 환경이라도 위험하지 않은 곳을 고르는 것이 최선이었다. 최대한 학교와 가까운 곳을 찾는 것이 1순위였고, 2순위는 녹지 공간과 문화시설의 유무였다.

요즘은 지자체에서도 역점 시책으로 '아이 키우기 좋은 도시'를 제시하고 있다. 이를 위한 각종 사업 또한 추진하고 있다. 3기 신도시에서도 아이들의 성장 단계를 고려한 다양한 시설 즉, 보육, 놀이, 교육, 문화체육 등을 계획해 아이들이 행복하게 자랄 수 있는 도시가 되는 것을 목표로 설정했다.

그렇다면 과연 아이를 키우기 좋은 도시는 어떤 도시일까?《공간이 아이를 바꾼다》를 집필한 이후에도 수많은 학부모가 내게 꾸준히 해오는 질문이다.

이에 대한 나의 대답은 간단하다. 부모와 아이 모두 행복할 수 있는 도시. 다시 말하면 아이의 권리는 물론 육아의 주체(부모)도 자아성취와 행복을 이루면서 육아를 할 수 있는 도시다. 아이와 보육자가 함께 쾌적한 공간을 즐기고, 이용할 수 있는 도시가 내 기준에는 최고의 도시라고 생각한다.

자기 삶이 아이 삶의 완벽한 교과서라고 말할 수 있는 부모가 얼마나 있을까? 부모도 늘 아이와 함께 성장하고, 아이에게 가르침을 줄 수 있는 사람이 되기 위해 부단히 노력한다. 그러기 위해서는 무엇보다 부모와 아이가 함께 생활하는 공간부터 점검하고, 개선할 수 있어야 한다. 함께 생활하는 공간에 따라 부모와 아이가 성장하고 발전할 수 있기 때문이다. 쉽게 말하면 아이가 살고 활동하는 공간 그 자체가 교육이다.


그동안 한국 곳곳의 경관을 아름답게 디자인하는 일을 해오며, 한편

아이들이 밝고 편안한 환경에서 독서할 수 있도록 디자인된 강동중학교의 도서관
(디자인 디렉터:공유건축 송상환)

으로 아이들의 공간인 학교 공간을 변화시키는 프로젝트를 꾸준히 지속해왔다. 아름다운 공간이 아이들의 마음을 아름답게 할 수 있다는 믿음 하나로 무모하게 뛰어든 일이었지만, 나뿐만 아니라 수많은 부모와 교육인의 마음을 움직여 삭막한 학교 공간에 문화의 옷을 입힐 수 있었다. 이런 작업을 지속해오며, 공간 자체가 곧 '교육'이 될 수 있다는 것을 깊이 깨달았다. 공간은 아이들의 사고, 행동, 인성, 감성 등

에 세세한 영향을 미치기 때문이다. 책은 읽어야 지식을 습득할 수 있지만, 공간은 의식하지 않아도 자연스럽게 영향을 준다.

그렇다면 부모는 무엇을 할 수 있을까? 우선 지금의 주거 환경이나 주변 환경을 돌아보고 여기서 내 아이가 자란다면 어떤 모습이 될까를 상상해보자. 어떤 환경에서 아이를 키우느냐가 아이의 미래에 영향을 줄 수 있다. 사는 곳에 따라 아이의 삶이 달라질 수 있다. 내 아이가 살고 있는 곳이 교과서를 통해 배우는 지식보다 훨씬 크게 영향을 줄 수 있다.

사실 주거 공간은 부모의 경제력에 좌우되는 경우가 많다. 하지만 집의 크기보다 집 내부와 외부의 전체적인 '환경'이 훨씬 중요하다. 집 내부 환경이 아이가 휴식하고, 공부하고, 창조하기에 적합한지를 먼저 점검해봐야 한다. 집이 크거나 아이의 공부방이 따로 있거나 좋은 가구 혹은 멋진 인테리어가 필요하다는 의미가 아니다. 집 안이 잘 정돈되어 있는지, 색이나 조명이 아이에게 편안한지, 아이가 자기만의 시간을 가질 수 있도록 공간이 적당히 분리되어 있는지를 살펴보는 것이 우선되어야 한다.

아이가 있는 부모라면 이곳에서 살았을 때 나와 내 아이의 미래가 어떨지부터 먼저 구상해보는 것이 사는 곳을 정하는 우선순위가 되어야 한다.

# 녹지가 있는 곳에서 자란 아이가 영리하다

●         매년 신학기가 시작되고 직장이 변화하는 봄, 가을 시기에는 이동이 많아지고 이사가 활발해진다. 아이가 있는 집이라면, 집을 옮길 때 학군이 좋은지, 학원이 가까운지를 두고 우선적으로 고민하게 된다. 부모의 발령이나 이직으로 인해 이사를 할 때는 집이 직장에서 가까운지, 직장까지의 교통은 편리한지, 편의시설이 많은지를 우선적으로 보게 된다. 하지만 아이가 있는 부모라면 이런 기준보다는 주변에 녹지가 있는지, 주변에 아이와 산책할 수 있는 공원이 있는지부터 점검하는 게 좋다.

많은 부모가 아이의 성적에 우선순위를 두고 주거지역을 고민하는데, 이는 사실 나무만 보고 숲을 보지 못하는 생각이다. 주변에 좋은

도시 속 아파트 주변의 풍요로운 녹지

학교가 있고, 좋은 학원이 있다고 그곳이 최고의 주거지역은 아니다. 아이가 공부를 잘하기 위해서는 인지 능력 향상과 집중력 향상에 도움이 되는 녹지 환경이 주변에 있는 것도 중요하다.

　게다가 아이의 건강을 생각한다면, 도시에 산다고 해도 주변에 녹지가 조금이라도 조성된 곳을 선택하는 것이 좋다. 공부란 결국 오랫동안 꾸준히 해야 하는 것이라, 건강이 늘 뒷받침되어야 한다는 것은 어떤 부모라도 알 것이다.

녹지는 아이의 학업 지속에 필요한 많은 조건을 뒷받침해주는 중요한 역할을 한다. 주변에 녹지가 많을수록 사람의 기억력과 집중력이 높아진다는 연구 결과도 있다. 공간이 인간의 사고와 행동에 미치는 영향을 과학적으로 측정하고 이를 바탕으로 더 나은 건축과 공간을 탐색하는 학문도 있다. 바로 신경건축학(neuroarchitecture)이다. 공간에 따라 사람의 사고와 행동이 바뀌고, 업무의 능률과 성과에 영향을 준다.

## 아이의 지능에 영향을 주는 녹지

실제로 녹지가 아이의 기억력이나 주의력 같은 인지 기능과도 연관성이 있다고 한다. 벨기에 하셀트대학 연구진은 10~15세를 대상으로 녹지가 많은 환경에서 자라난 아이와 녹지가 적은 환경에서 자란 아이의 지능을 분석했다. 그 결과, 녹지가 많은 환경에서 자란 아이의 아이큐(IQ) 점수가 녹지가 적은 환경에서 자란 아이의 아이큐에 비해 2.6점 더 높게 나타났다. 녹지가 적은 환경에서 자란 아이 중에는 아이큐 80 이하가 24명인 반면에 녹지가 많은 환경에서 자란 아이 중에는 아이큐 80 이하가 0명이었다. 또한 집중력 부족, 공격적 행동 등에 대한 문제를 측정한 결과에서는 거주지의 녹지율이 3% 증가할 때 문제행동의 점수가 2점 감소했다. 이것으로 녹지가 아이들의 인지력에 영향을 미친다는 것을 확인할 수 있다.

　서울대 의대 환경보건센터 연구팀은 서울에 거주하고 있는 6세 아동을 대상으로 임신했을 때 주소와 6세 때 주소를 기준으로 집 주변의 녹지와 아이큐의 연관성을 조사했다. 그 결과 임신했을 때보다 6세 때 녹지에 노출된 것이 아이큐와 연관성이 높았다. 녹지의 종류에 따라서도 달라지는데, 자연녹지(활엽수림, 침엽수림, 자연초지 등)와 인공녹지(공원, 가로수, 인공초지 등)로 구분했을 때, 자연녹지보다 인공녹지가 아이큐와 연관성이 더 큰 것으로 확인되었다.

　또 스페인 바르셀로나에 거주하고 있는 초등학생을 대상으로 거주지의 녹지량에 따라 인지 기능을 담당하는 뇌의 회백질(생각하는 기능을 담당)과 백질(정보를 전달하는 통로에 해당)과의 관계를 조사한 결과, 녹지가 풍부한 지역에서 거주하는 아이가 녹지가 부족한 지역에서 거주하는 아이보다 뇌의 회백질과 백질의 부피가 커졌다. 이것은 시각, 청각, 후각, 촉각, 미각의 감각기관으로 들어오는 정보에 대한 사고 능력과 처리 능력이 좋고, 주의력 결핍이 감소한다는 의미다. 어렸을 때 녹지에 노출되는 것이 뇌 발달에 영향을 미치고 또한 정신적, 심리적 안정과 함께 창조적인 활동 능력의 발달에도 영향을 줄 수 있다.

　연구팀은 일반적으로 녹지는 주변의 아스팔트로 덮인 지역보다 미세먼지와 소음도 적으며 아이들이 다양한 미생물과 접촉하는 기회까지 제공하는데, 이 모든 것들이 뇌 발달에 긍정적인 영향을 미치고 있다고 한다. 이처럼 어린 시기에 자연과 충분히 교류하며 자랄 경우 뇌가 잘 발달하고 이후의 평생 건강에도 긍정적인 영향을 미친다.

## 녹지가 없더라도, 늘 자연을 곁에 두자

영국의 공예가이자 건축가, 디자이너인 윌리엄 모리스는 집에 정원과 온실이 있었다. 성장하며 늘 꽃과 나비, 식물을 보며 자란 그는 이후 그가 만드는 많은 디자인의 근원을 자연에서 찾았다. 세계적인 문인이나 예술가들 중 성장의 배경을 살펴보면 이런 사례는 매우 많다.

요즘 도시에서 자라는 아이들은 자연에서 오는 경험과 즐거움을 느낄 수 있는 환경을 누리기가 극히 어렵다. 2019년 국토교통부는 '한국의 국토 면적 중 도시지역은 16.7%를 차지하고 있는데 여기에 전체 인구의 91%가 거주하고 있다'고 발표했다. 더 놀라운 것은 전체 인구의 50% 이상이 아파트에 살고 있다는 것이다. 아파트에서 태어나고 아파트에서 성장한 '아파트 키즈'가 늘고 있다. 이 아이들은 풍부한 녹지의 주거 환경이나 살기 쾌적한 저층 주택 등과는 거리가 먼, 빽빽한 콘크리트로 둘러싼 환경에서 자란 아이들이다.

환경부가 발표한 〈통계로 본 국토·자연 환경〉에 따르면 1960년 말

영국의 공예가이자 건축가인 윌리엄 모리스(좌), 딸기와 야생화를 표현한 1883년 작품(우)
(사진:위키피디아)

도시지역에 거주하는 인구 비율은 39.1%에 불과했는데 2012년 말에
는 전체의 91.0%로 급격하게 늘었다. 특히 요즘 시골에 노인 비율이
높고 젊은 층이 드문 것을 보면, 어린이들의 도시지역 거주 비율은 더
욱 높을 것이다.

　사람들이 도시로 몰려드는 이유는 물론 다양하지만, 아이를 키우는
부모라면 도시에 사는 내 아이를 어떤 환경에서 키워야 하는지, 앞으
로 내가 사는 도시가 어떤 방향으로 발전해야 하는지에 관해서도 면
밀히 고려해봐야 한다. 적어도 녹지가 아이의 인지 능력에 얼마나 큰

영향을 주는지를 자각했다면, 녹지가 있는 환경을 시간을 내어 일부러 찾아가는 노력을 기울여보는 것도 아이에게 매우 좋은 영향을 줄수 있을 것이다.


## 자연 환경이 아이 심리에 미치는 영향


미국의 환경심리학자 리처드 테일러는 공공주택 거주자를 대상으로 자연 환경과 아동 심리의 연관성에 대해 조사했다. 거주하는 곳의 녹지량에 따라 아이들이 얼마나 강한 집중력, 충동 억제 능력, 만족 지연 능력을 가졌는지 살펴보았다. 그 결과 녹지가 많은 집에 사는 아이가 집중력과 충동 억제 능력이 높게 나타났다. 또 주변 유혹에 바로 응하는 것이 아니라 만족을 지연시켜 더 많은 것을 얻어낼 수 있는 만족 지연 능력이 높았다.

녹지는 사람의 주의력과 집중력에도 큰 영향을 준다. 학교 창문으로 시멘트 건물이 보일 때보다 나무나 산이 보일 때 집중력이 더 높은 경향이 있다는 연구 결과도 있다. 평소 집중력이 떨어져 행동장애가 있는 아이를 자연에 노출했을 때도 차분해지는 경향이 있다고 한다. 영국 엑서터대학의 환경심리학자인 매슈 화이트는 녹지와 가까운 곳에서 자라는 아이들은 도시의 소음이나 스트레스에서 벗어날 수 있고

필자가 사는 아파트 거실에서 보이는 녹지(좌), 동네 공원의 녹지(우)

자연스럽게 행동반경이 넓어져 운동 빈도가 높아지는 등 다양한 이점을 얻을 수 있다고 했다.

평소 자연을 가까이하는 생활이 몸과 정신 건강에 좋다는 것은 익히 알고 있었겠지만, 이런 다양한 연구 결과를 통해 녹지가 실제로 우리 아이들에게 긍정적인 영향을 준 사례가 놀라울 정도로 많다. 지금 아이가 생활하는 주변 환경에 녹지가 없다면 찾아나서 보자.

# 아이들의 꿈은 집에서 자란다

누구나 어린 시절을 회상하면 가장 먼저 떠오르는 것이 아마 실제로 살았던 '집'일 것이다. 그래서인지 나이가 들면 한 번쯤 예전 집에 찾아가고 싶기도 하고 실제로 찾아가기도 한다. 어린 시절 살았던 집을 가보면 아직도 그곳을 지키고 있는 친구를 만나기도 하지만 이제는 다들 떠나고 없다. 내가 살던 집이 만약 서울에 있었더라면 예전의 흔적은 찾기조차 어려웠을 것이다.

그 '집'에서 화가도 되었고, 시인도 되었고, 과학자도 되었고, 선생님도 되었다. 나의 지인은 어렸을 때 전주에서 살았는데 전주를 방문할 때면 꼭 어릴 적 살던 집을 가본다고 했다. 그 집은 좁은 골목 안에 있었고, 그 골목에서 친구들과 축구도 하고 구슬치기도 하는 등 추억이

한옥(상)과 아파트(하)

많았다고 한다. 그 골목에 살았던 친구, 형, 동생들의 이야기를 들려주
면서 누구는 교수가 되었고, 누구는 연구원이 되었고, 누구는 정치인
이 되었고, 누구는 공무원이 되었고, 누구는 의사가 되었고…. 그 골목

길에서 살던 이들은 추억을 쌓고 그렇게 꿈을 꾸고 키웠을 것이다.

이처럼 어린 시절 살던 집은 성장한 후에도 영향을 미친다. 자기가 살 곳을 선택할 때도 어릴 적 살던 곳이 영향을 미친다는 연구 결과가 있다. 산이 있는 곳에 살았던 사람은 성인이 되어서도 주변에 산이 있는 곳을 좋아하고, 물이 있는 곳에서 살았던 사람은 성인이 되어서도 주변에 물이 있는 곳을 좋아하는 경향을 보인다고 한다. 내가 어린 시절을 보냈던 '도시'는 외곽이 산으로 둘러싸인 분지로 멀리 산이 보이는 곳이고, 내가 어린 시절에 살았던 '집'은 작은 마당이 있는 한옥이었다. 어릴 때는 그 집에서 가장 많은 시간을 보냈다. 그래서인지 지금은 아파트에 살지만, 고층이 아닌 저층에 산이 보이는 거실이 있는 집에 산다.

이렇게 나도 어릴 적 살았던 한옥을 추억하는데, 과연 태어나서부터 지금까지 30년 동안 아파트에만 살고 있는 내 아이는 앞으로 어디서 살게 될까? 아파트가 고향이 된 내 아이를 생각하면 마음이 아프다.

가족 구성원들 중 집에서 가장 오랜 시간을 보내는 이는 아이들이다. 나이가 어릴수록 보호자 없이 스스로 움직일 수 있는 범위가 크지 않기에 집을 떠나기는 어렵다. 경제활동을 하기 전까지는 대가를 지불할 능력이 없기에, 자유롭게 새로운 공간을 사용하기도 어렵다. 그렇다면 이런 아이들에게 부모는 어떤 집, 어떤 주거 공간을 제공해야 할까?

# 집은 공부, 휴식, 놀이, 식사가 가능한 멀티 공간

과거에는 집을 그저 쉬거나 잠을 자는 공간 정도로 인식했다. 특히나 우리네 부모님 중에도 밤늦게까지 일했던 분들은 말 그대로 잠시 들어와 잠만 자고 나가는 공간 정도였을 것이다. 학생들도 마찬가지였다. 새벽에 집에서 나와 야간 자율학습을 마치고 집으로 돌아가면 거의 밤 12시에 가까운 시각이었다. 주말에도 공부를 하러 학교에 나가 온종일 시간을 보내기도 했으니, 잠을 자는 것 외에 집에 큰 의미를 두기 어려웠던 시절이었다.

그런데 오늘날의 집은 어떨까? 집은 더 이상 잠만 자는 곳이 아닌, 공부도 하고, 밥도 먹고, 쉬기도 하고, 독서도 하고, 창조도 하는 멀티 공간이 되었다. 아이들에게도 마찬가지다. 사회가 변화하면서 주 5일 근무, 근무시간 단축, 각종 휴가 등으로 인하여 집에 있는 시간이 길어지게 된 것이다.

아이들의 등교시간이 늦어지고 하교시간이 빨라지면서 점차 집에서 보내는 시간이 많아졌다. 그래서 점차 집은 다양한 기능을 하게 되고, 집의 역할과 기능이 점점 더 중요해졌다. 아이들은 집에서 놀이도 하고, 운동도 하고, 공부도 하고, 친구들을 초대해 파티도 한다. 집이 이런 기능을 제공하지 못하는 경우, 많은 사람이 우울해하기도 한다. 집이 자신에게 다양한 기능을 제공해주지 못하는 경우, 아이들은 심지어 발달, 인지, 심리와 관련된 문제를 겪기도 한다.

2020년부터 팬데믹 시대를 거치면서 집의 기능은 더욱 중요해졌다. 사회적 거리두기로 집에 머무는 시간이 늘어났고 재택근무, 원격 수업 등으로 학교나 직장도 못 가고 외출도 못 하고 모두가 집에 있게 되었다.

과거에 없었던 기능을 집에서 하거나 집이 두 가지 기능을 동시에 해야 하는 일도 생기게 되었다. 아이는 온라인 수업을 하고, 부모는 재택근무를 하거나 혹은 집에 있는 아이를 돌보며 재택근무를 해야 하는 상황 등이다. 집은 더 이상 휴식의 공간이 아니라 직장이자 카페, 쇼핑센터이자 종교 활동까지 해야 하는 멀티 공간이다.

일상에 큰 제약을 받는 팬데믹 시대를 지나며 생긴 공간적 위축으로 인해 무력감과 우울감을 느끼는 사람도 많아졌다. 사회적 거리두기가 전면 해제되고, 다중이용시설의 취식도 허용되었으며, 해외여행에 오르는 사람들도 생겨나고 있지만 이미 우리는 비대면 문화에 익숙해졌다. 공간을 사용하는 방식에도 큰 변화가 생겼다. 1인 숍이나 전체 공간을 단독으로 이용하는 독채형 비중도 굉장히 높아졌다.

우리가 사는 집은 이제 변화무쌍해졌고, 더욱 다양한 기능을 해야 한다. 집의 기능과 역할이 이전과 달라지면서 집에 대해 지속적으로 고민해야 할 때다. 건축학자 유현준 교수는 한 매체와의 인터뷰에서 집에 대한 변화의 필요성을 다음과 같이 강조하기도 했다.

"한국의 아파트는 1970년대 라이프스타일을 기준으로 지어져 지금과는 맞지 않다. (중략) 과거와는 달리 이제는 집에서 대부분의 시간을 보내게 된 만큼, 기존 대비 155% 공간이 필요해졌다."

부모와 아이들이 함께 생활하는 집이란, 더 이상 포근한 침실과 편안한 소파, 따뜻한 조명과 식탁 등의 이미지가 아닌 멀티 공간이 되어야 한다. 그렇다면 우리 아이를 위한 집은 어떻게 만들어가야 할까?

## 집은 아이디어가 솟아나는 특별한 공간

어린이 동화작가 전이수는 〈우리 집〉이라는 시에서 '우리 집은 가장 소중한 것이 들어 있는 자그마한 멋진 상자'이고 '어떤 때는 놀이동산으로도 바뀌고 어떤 때는 기숙사로도 바뀌고 공방, 카페, 넓은 들판'이며 '생각하면 뭐든지 될 수 있다'고 표현했다.

10대인 전이수 작가가 집을 어떻게 바라보는지, 집에서 어떻게 생활하는지를 잘 보여주고 있는 시다. 그는 집에서 자유롭게 지내고, 온 집을 캔버스 삼아 그림을 그린다고 한다. 집에서는 무엇이든 가능하고 집이 무엇이든 해주기 때문이다. 그는 도시에 다양한 자극을 주는 콘텐츠가 범람하지만 깊이 생각할 여유가 없었는데 제주로 이사하면서 사물에 대한 탐구력이 생겼다고 한다. 사는 곳과 사는 집이 바뀌었을 뿐인데 환경이 그를 화가로 만들고 작가로 키운 것이다. 우리가 생각하는 것 이상으로 공간의 힘은 훨씬 세다는 것을 실감한다.

내가 전이수 작가를 알게 된 것은 그가 9세 때 출연한 TV 프로그램에서다. 그는 일상에서 보고 느끼는 것을 그만의 그림과 언어로 표현하는 천재 작가로 소개되었다. 더불어 '전이수 작가'를 검색하면 '홈스쿨링'이라는 단어도 함께 뜨는데 그는 정규 학교에 다니지 않는다. 초등학교 2년까지 대안학교를 다니다가 지금은 동생들과 홈스쿨링을 하고 있다. 집에서 지내면서 마당에 꽃을 키우고 그 꽃과 대화하고 그 꽃을 통해 배운다.

영국의 공예가, 건축가, 시인, 사회운동가 등 다양한 활동으로 영향력을 미친 윌리엄 모리스는 일상에서 예술이 공존할 수 있도록 벽지, 직물, 가구, 타일, 조명, 스테인드글라스 등 다양한 인테리어 요소를 디자인했다. 그는 어린 시절부터 자연을 사랑했고, 어린 시절 교감했던 자연의 색과 감성을 그의 작품에 그대로 담았다. 모리스가 디자인한 패턴은 대부분 자연에서 모티브를 얻었고, 꽃, 덩굴식물, 나비, 새 등의 패턴은 인테리어 공간을 숲과 정원으로 만들었다. 그가 어린 시절 살았던 집의 정원과 주변에서 보았던 들꽃은 디자인의 중요한 소재가 되었다.

내 경우에는 지금까지 한옥, 양옥, 오피스텔, 연립주택, 아파트 등 다양한 곳에서 살아보았다. 여러 차례 이사를 하면서 경험했던 공간은 지금 내가 하는 일에 영향을 줬다. 공간 디자인을 할 때면 내가 살았던 도시, 내가 경험했던 공간에 대한 감성을 불러내곤 한다.

글로벌 기업인 애플, 구글, 아마존의 공통점은 모두 허름한 차고에서 시작했다는 점이다. 애플은 스티브 잡스와 스티브 워즈니악이 스티브 잡스의 집 차고에서 애플 컴퓨터를 만들면서 시작되었다. 미국 캘리포니아주 로스앨토스에 위치한 이 차고는 이제 세상에서 가장 유명한 차고가 되었고, 스티브 잡스가 어린 시절 살았던 집은 '유적지'로 지정되기도 했다.

우리나라에는 그런 차고가 흔하지 않다. 도시에 사는 사람들은 대부분 아파트에 살고, 주택에 산다고 하더라도 개인 차고가 있는 집은 드물다. 한국에는 차고가 없어서 애플 같은 기업이 탄생할 수 없다는 농담이 생길 정도다. 글로벌 기업이 출발한 공간, 차고는 아이디어가 솟구치는 공간이다.

한편 우리나라의 아파트는 거의 비슷한 모양새를 하고 있다. 아파트 내부도 평수의 차이는 있지만 구조가 거의 비슷하다. 비슷한 아파트에 사는 사람들은 공간에 대한 인식이 비슷하기에 꿈의 구조도 비슷하지 않을까. 물론 아파트에서도 어떤 활동 반경으로 행동하느냐에 따라 만나는 풍경과 사람은 다를 수 있겠지만, 번뜩이는 아이디어가 솟구치기에는 부족함이 있다. 그렇기에 우리 아이들의 창의력을 키워

줄 수 있는 공간 구성이 그만큼 중요하다.

어떤 부모들은 아이들이 더 성장하기 전에 불편을 감수하면서까지 일부러 전원주택으로 이사를 가기도 한다. 전원주택은 자연을 벗삼고 있어서 아이들이 계절의 변화를 직접 느낄 수 있고 매일매일 햇빛과 바람의 느낌도 늘 다르다. 아이들에게 마당은 놀이 공간이 되고 자연은 곧 장난감이 된다. 물론 집 주변에 친구가 없고, 아이가 혼자 시간을 보내야 한다면 놀이터에서 함께 놀 친구가 많은 아파트 대단지가 오히려 나을 수도 있다.

잊지 말아야 할 점은 아이가 어떤 환경에서 살아도 부모는 늘 아이가 다양한 체험과 경험을 할 수 있도록 유도할 수 있어야 한다는 것이다.

# 집을 바꿀 수 없다면 인테리어를 바꾸자

●     아이는 성장하면서 다양한 공간을 요구하게 된다. 집은 단순히 쉬는 공간을 넘어서 아이가 무엇이든 할 수 있는 멀티 공간이 되어야 하고, 카멜레온처럼 다양한 모습으로 바뀔 수 있어야 한다. 집은 도서관, 미술관, 아지트, 북카페, 커피숍, 정원, 사색 공간, 스터디 카페, PC방, 갤러리, 음악실, 영화관, 음식점, 레스토랑, 작업실 등의 역할을 해야 한다. 하지만 집에 이 모든 공간을 만들 수는 없다. 그렇게 하기 위해서는 엄청 넓은 면적이 필요하니 말이다.

답은 한 가지다. 우리 아이에게 딱 맞는 공간을 만들어주면 된다. 이미 살고 있는 집에서 갑자기 이사를 가기도 힘들고, 이에 상응하는 비용이나 시간이 어마어마하기 때문에 현재 살고 있는 집의 인테리어를

다양한 공간에서 독서와 공부가 가능한 한산중학교 도서관(디자인 디렉터:단아건축 조민석, 사진:노경)

아이에게 걸맞게 바꾸어주는 것이 가장 손쉬운 일이다.

　평소 집중력이 굉장히 높은 아이가 아니라면, 일반적으로 한곳에 진득하게 앉아 있지 못하고, 주변을 돌아다니고 싶어 한다. 제발 가만히 앉아서 공부 좀 하라고 잔소리를 해도 아이들의 특성상 그러기는 참 어렵다. 이럴 때 부모는 어떻게 해야 할까? 집 안에서 이리저리 돌아

다니는 아이들을 위해서 공부할 수 있는 공간을 한 군데가 아닌 여러 곳에 만들어주면 된다.

집에서 공부하기를 싫어하고 학교나 도서관, 스터디카페, 독서실 등을 돌아다니며 공부하는 아이들이 있다. 그런 아이들을 인터뷰해 보니 집에 있는 공부방에 홀로 있는 것이 싫기 때문인 경우가 많았다. 그런 경우에는 집 안 곳곳에 책을 펴고 앉을 수 있는 작은 공간을 여러 군데 마련해주는 것도 좋은 방법이 될 수 있다. 내가 지금껏 학교 도서관을 책만 읽는 독서실이 아닌, 아이들이 다양한 자극을 느끼며 집중할 수 있는 멀티 공간으로 꾸민 이유도 바로 여기에 있다.

## 아이가 가장 많은 시간을 보내는 곳, 아이 방

아이의 방은 아이가 가장 많은 시간을 보내고 성장하는 공간이자, 자기 마음대로 할 수 있는 독립된 공간으로 아지트가 되어야 한다. 아이 방은 공부, 휴식, 취침, 놀이 등이 가능하고, 온라인 수업이 가능한 교실의 기능까지 하고 있다.

아이 방은 햇빛이 잘 드는 밝은 공간이 좋지만 공부방 기능이 강해지는 시기에는 눈이 부시지 않는 북쪽이 좋다. 공간적인 여유가 가능하다면 침실과 공부방을 분리하는 것이 좋고, 컴퓨터 책상과 공부 책상도 분리해야 한다.

아이 방은 연령별로 개념을 달리하여 꾸며야 한다. 초등학교 이전까지는 놀이 중심의 아지트처럼, 중·고등학생이 되면 공부 중심의 학습공간으로 꾸며주는 것이 좋다. 만약 아이가 2명, 3명, 4명 이상이 되면 각자의 공부방을 주기가 어려울 수 있다. 이럴 때에는 아이들이 함께 공부할 수 있는 방과 자는 방인 침실을 분리해주면 된다.

보통 아이 방은 가장 작은 방을 내주기 때문에, 책상을 포함해 들어갈 가구는 많은데, 공간은 좁아 수납에 문제가 많이 생긴다. 그래서 더욱 공간 계획이 중요하다. 최대한 공부와 관련이 없는 물건은 다른 방으로 다 빼고, 가구는 모두 수납이 가능한 것으로 사용하는 편이 좋다. 가구 측면을 활용해 부착식 보드를 두거나, 창문 쪽에 수납 벤치를 두거나, 책장 상부에 수납공간을 두거나 할 수 있다.

공부방에서 빼야 할 것이 있는데, 바로 컴퓨터다. 요즘에는 컴퓨터로 숙제도 하고 인터넷 강의도 듣기 때문에, 컴퓨터를 도저히 공부방에서 분리하기가 어렵다면, 인터넷 연결을 부모가 컨트롤하는 편이 좋다. 고립된 공부방에서 게임이나 유해 사이트에 쉽게 빠질 수 있는 환경을 부모가 애초에 예방해주는 것이 좋고, 컴퓨터를 거실에 배치하는 것도 좋은 방법이다.

# 온 가족이 시간을 보내는 곳, 거실

거실은 온 가족이 가장 많은 시간을 보내는 곳이고, 아이는 아이 방 다음으로 많은 시간을 보내는 곳이다. 한때 서재형 거실이 인기를 끌었던 적이 있는데 거실, 서재, 공부방 등 세 가지 기능을 모두 모아서 만들면 된다.

거실은 부모가 아이에게 좋은 본보기를 보여줄 수 있는 공간이다. 거실에서 TV를 보면서 아이에게만 공부하라는 잔소리를 하기보다는 부모가 자연스럽게 독서하는 모습도 보여주고, 아이와 대화를 하거나 함께 책을 읽으면 좋다. 그러다 보면 자연스럽게 학습 분위기가 만들어진다. 그런데 거실을 서재로 만드는 것이 아이가 어릴 때는 유용할 수 있지만, 아이가 중·고등학생이 되면 그렇지 않을 수도 있다. 입시를 준비하는 아이에게는 다양한 방해 요소를 제거한 공부방을 제공하는 것이 좋을 수 있다.

세상에서 가장 시끄러운 도서관으로 알려진 이스라엘의 '예시바'가 서재형 거실의 좋은 예다. 떠들면서 공부할 수 있고 토론할 수도 있는 공간이다. 거실과 다른 공간으로 연결되는 가족들의 동선을 고려해서 테이블을 배치하면 학습, 독서는 물론이고 토론, 게임도 즐길 수 있다. 거실에서 가족들과 토론하면서 공부한 경험이 풍부한 아이라면, 말하는 훈련이 자연스럽게 되어 학교생활은 물론 성인이 되어 사회생활을 할 때도 많은 도움이 된다.

## 엄마와 함께하는 곳, 주방

주방은 엄마와 아이가 '따로 또 같이' 보낼 수 있는 곳이다. 엄마는 부엌일을 하고 아이는 외롭지 않게 공부할 수 있는 곳이다. 엄마와 아이가 자연스럽게 이야기하는 곳이기도 하고, 시간에 따라 다른 가족들과도 담소를 나눌 수 있는 공간이기도 해서 변화가 가장 많이 일어나는 곳이다. 식탁에서 아이가 엄마와 대화하며 공부를 하는 경우라면, 차가운 성질의 유리나 대리석 등의 식탁보다는 온도 변화가 적은 목재 소재의 식탁을 권한다.

## 자투리 공간

베란다 창가에 식탁 세트를 배치하면 학습, 식사, 카페, 취미까지 함께할 수 있는 공간을 만들 수 있다. 아이에게는 잠깐의 학습, 독서 공간이 되고 어른들에게는 근사한 홈카페, 취미생활 공간이 되어 특별한 일상을 만들어줄 수 있다.

팬트리를 활용해서 공부방을 만들 수도 있다. 팬트리 내의 벽 쪽에 책장과 책상만 두면 된다. 이때 반드시 교체해야 하는 것이 조명이다. 조명은 공부 환경에 적합한 밝은 조명으로 바꾸어야 한다. 창문이 없는 경우는 출입문을 개방감 있는 유리문으로 하는 것이 좋다.

요즘 아파트에는 알파룸이 있는 경우가 있는데 알파룸은 사용자가 원하는 대로 만드는 공간으로, 오픈형으로 만들 수도 있고 벽을 세워 방으로 만들 수도 있다. 슬라이딩 도어나 스마트 유리를 활용해서 모든 가족이 다양한 용도로 사용하도록 할 수 있다. 예를 들어 원격 수업 공간으로, 개인 방송 공간으로, 재택근무 공간으로, 취미생활 공간으로 사용할 수 있다. 가족이 함께 사용할 수도 있고 각자의 시간을 보낼 수도 있다.

아파트의 테라스나 발코니에 작은 정원을 만들어도 좋다. 아이에게 식물을 가꾸는 공간, 자연을 느끼는 공간으로 활용될 수도 있고 집에서도 계절을 느낄 수 있다. 실내 정원은 아이가 오감을 발달시키는 데 중요한 요소가 된다.

선반이나 그림 등의 인테리어 요소를 활용하는 것도 공간 활용에 유용하다. 선반은 다양한 길이, 폭원을 조절할 수 있고, 다양한 컬러와 소재를 갖춘 인테리어 요소다. 돌출 폭이 좁아 벽면에 붙여서 사용하면 공간을 활용하는 데 용이하고 다양한 요소를 전시할 수 있다. 선반의 폭을 넓혀서 책상으로 활용하거나 재봉틀을 둘 수도 있다. 라이프스타일에 맞춰 모듈을 구성하면 세상에 하나뿐인 가구를 만들 수 있다.

집의 적절한 곳에 그림을 배치하면 갤러리와 같은 효과를 줄 수 있다. 현관, 거실, 주방, 아이 방, 화장실 등 눈길이 닿는 곳은 어디든 가능하다. 그림이나 명화는 인쇄 상태가 가장 좋은 것으로 선별하자. 요즘에는 그림 대여도 가능하니 계절마다 작품을 바꿔주는 것도 좋다.

성인도 한자리에서 책 한 권을 읽기 어려워 책상에서 읽다가 침대로, 식탁으로, 소파로 돌아다니면서 읽는다. 집에서도 집중이 안 되면 동네 카페로 가곤 한다. 그만큼 한곳에서 공부하기 쉽지 않다. 하물며 아이들에게 몇 시간씩 한자리에서 공부하기를 강요한다면 공부에 취미를 잃을 수도 있다. 아이들이 집에서 즐겁게 공부하고 휴식하고 충전할 수 있는 장소는 다양하게 만들어주는 것이 필요하다.

# 아이의 학습 능력을 상승시키는 '거실공부'

● 　　　　거실은 건축법상 거주, 집회, 오락, 집무 등의 목적을 위하여 사용되는 방을 말한다. 가족들이 모여 생활하는 집 안의 중심 공간이자 집의 분위기를 만드는 공간으로 대화, 독서, 토론의 장이 되어야 한다. 소비적인 공간이 아니라 생산적인 공간으로 쓰이는 것이 쓰임으로도 걸맞다. '거실공부'는 아이가 공부방에서 공부하는 것이 아니라 거실을 학습 공간으로 활용하는 것을 말한다.

가수 이적의 어머니 박혜란 박사는 세 아들을 대한민국 엄마들의 로망인 서울대에 보냈고, 그 공부법으로 거실에서 세 아들과 함께 공부하는 거실공부를 소개했다. 자신이 거실에서 공부를 하거나 책을 보고 있으면 아이들은 엄마 옆에 있고 싶어서 자연스럽게 거실에서 함께 공부하는 환경이 되었다고 한다.

일본의 사토 료코 씨는 네 아이를 일본 엄마들의 로망인 도쿄대에 보냈는데, 그 비결이 거실공부라고 했다. 아이들이 거실에서 공부하는 습관을 갖도록 했고, 아이들 스스로 공부할 수 있도록 유도했다. 사토 료코 씨가 거실공부를 택한 이유가 있다. 자신은 어렸을 때 공부방이 따로 있었음에도 불구하고 공부방에서 혼자 공부하지 않았다고 한다. 어린 시절 혼자 하는 공부에 대한 어려움과 두려움이 있었는데 이를 없애기 위한 방법으로 거실공부를 했다는 것이다. 실제로 도쿄대 학생들의 74%가 초등학교 때 거실에서 공부를 했고 중·고등학교 때까지 거실에서 공부한 학생도 있었다고 한다.

현재 거실을 소파에 누워서 TV를 보는 용도로 사용하거나, 잡동사니가 수북한 공간으로 만든 것은 아닌지 한번 돌아보자. 공간은 어떻게 사용하느냐에 따라서 그 수준이 천차만별로 달라진다.


## 거실에서 공부하는 이유


많은 부모는 아이가 초등학교에 입학하면 공부방을 만들고 독서실처럼 꾸민다. 아이들이 공부방이 있으면 제대로 공부할 것이라고 생각하는 것이다. 하지만 이는 하나만 알고 둘은 모르는 생각이다. 막상 아이에게 공부방이 생겼다고 공부를 하게 되는 것은 아니다. 공부방을 성급히 만들기 전에 아이들이 즐겁게 공부할 수 있는 환경은 어떤 것인지부터 생각해야 한다.

거실은 가족들이 함께 생활하기 때문에 아이가 도움을 필요로 할 때 바로 도움을 줄 수 있는 공간이다. 엄마가 주방에서 식사를 준비하면서도 거실에 있는 아이가 무엇을 하는지 볼 수 있고, 아이는 엄마가 옆에 있다는 것만으로 안정감을 느낄 수 있다. 숙제를 하다가 모르는 것이 있으면 엄마에게 물어볼 수도 있다. 아이가 책을 읽다가 까르르 소리 내어 웃는다면 엄마가 아이에게 내용을 물어볼 수도 있다.

이처럼 거실공부는 아이가 도움이 필요할 때 부모에게 질문하고 답하는 것으로 아이들의 지식욕구를 충족시켜줄 수 있다. 즉시 가족의 지원을 받을 수도 있고, 쉽게 가족과 소통할 수 있는 공간이 거실이다. 가족과 소통을 하면서도 아이들은 자연스럽게 학습을 하게 된다. 아이는 거실에서 공부하며 생각한 것과 느낀 것을 가족들과 함께 나누면서 성장한다. 아이들의 뇌는 혼자 있을 때보다 다른 사람과 함께 할 때 더 발달한다는 연구 결과도 있다.

# 거실공부를 위한 환경 만들기

　초·중·고등학교 때는 아이들의 감수성이 특히 예민한 시기다. 이 시기에 부모들은 아이들의 정서적인 부분에 관심을 기울여야 한다. 정서적인 안정감은 아이들의 성장과 발달에 매우 중요하다. 심리적 안정감에서 공부를 지속하는 힘이 나오기 때문이다. 그런 의미에서 거실은 가족들의 지원을 받을 수 있는 따뜻한 곳이기에 혼자 공부하는 외로움과 무료함이 사라지는 공간이기도 하다.

　공부는 힘들고 외로운 것이다. 그래서 공부하기가 그만큼 어렵다. 사실 아이들에게는 깨어있는 모든 시간이 배움의 시간이다. 아이들이 어릴 때는 놀이와 공부를 분리하지 않고 지적 호기심을 키워주는 것이 중요하다. 거실을 아이들이 공부하고 싶은 공간으로 조성하는 것이 무엇보다 필요하다. 나는 가끔 거실에 TV를 틀어놓기도 했다. 아이가 좋은 프로그램이나 강의를 듣게 하고 싶을 때 쓰는 수법이다. 오다가다 힐끗 보기도 하고, 어떤 때에는 앉아서 진지하게 보기도 해서 꽤 성공적이었다.

　집에 지적인 자극이 가득한 환경에서 자란 아이일수록 학습 성취도가 월등히 높다. 아이가 무엇인가를 알고 싶거나 확인하고 싶을 때 바로 손을 뻗어 확인할 수 있도록 도감이나 지도, 사전, 지구본 등 다양한 교육 자료를 거실에 구비해두고 자연스럽게 활용함으로써 학습 능력을 키워줄 수 있다. 그런데 왜 도감, 지도, 사전일까? 도감은 보면 볼수록 호기심이 넓어지고 지식을 늘리는 최강의 시각적인 도구다. 지도는 아이의 세계를 자연스럽게 확장해준다.

거실에는 학습용 책상을 배치하자. 자녀가 2~3명이라면 책상을 옆으로 붙여서 긴 책상에서 형제가 같이 공부할 수 있도록 한다. 책상은 거실의 벽을 향해 두고, 엄마가 주방일을 하는 동안 바라볼 수 있는 방향이 가장 좋다. 가족의 움직임이 자칫 아이의 공부를 방해하지 않도록, 지나다니는 동선과는 거리를 두는 것이 좋다.

거실공부에 TV는 없는 편이 좋지만 만약 완전히 제거할 수 없다면 TV를 등지는 것을 추천한다. TV나 시계를 아이의 등 뒤나 안 보이는 방향에 배치하여 아이의 신경이 그쪽으로 가는 걸 차단하도록 한다.

아이가 공부를 하는 중간에 학습도구를 가지러 방에 가는 일이 없도록 서랍이 달린 책상을 쓰고, 책상 옆에 책장도 준비한다. 손이 닿는 곳에 책과 노트를 두면 공부에 집중하기 쉽기 때문이다.

책상에는 읽어야 할 책이나 신문을 두는 것이 좋다. 요즘은 종이신문을 잘 보지 않지만 나는 아이가 초등학교 때부터 거실의 탁자 위에 일부러 경제신문을 두었다. 아침에 식사 준비를 하는 동안 아이는 학교 가기 전에 신문을 보았다. 아이가 보는 것은 주식 시세였는데 나름대로 주식의 흐름이나 가격 변동을 스스로 파악하고 있었다. 가끔씩

책상이 있는 거실의 모습(사진: 게티이미지)

나에게도 신문을 보다가 의미 있는 말을 던지곤 했다. 매일 꾸준히 신문을 보던 아이는 현재 주식 투자와 관련한 직업을 가지고 있다.

최근 아이들 교육에 있어서 부모는 어떤 딜레마에 직면해 있다. 과도한 사교육이 대부분의 아이들을 불행하게 만든다는 것은 거의 확실하지만 아이들을 대책 없이 방임하는 것도 해답은 아닌 것이다. 홈스쿨링이나 대안교육도 마찬가지다. 두 극단 사이에서 부모는 끊임없이 갈팡질팡한다. 당연히 아이들도 불안해한다. 공교육이든, 사교육이든, 대안교육이든 간에 그 모든 것을 거실에서 이루어지는 가정교육 아래

두는 것이 비교적 쉬운 방법이다.

　물론 거실공부가 아이에게 좋은 영향이 있다고 해서 모든 아이에게 적용되는 것은 아니다. 부모의 지나친 잔소리가 넘치는 거실 환경은 오히려 아이의 학습에 단점으로 작용할 수도 있다. 만약 자신의 아이가 개방된 환경에 적응하지 못할 경우에는 따로 공부방을 만들어 독서실처럼 집중할 수 있는 환경을 만들어주는 것이 좋다.

# 책상 위치만 바꿔도 아이의 성적이 달라진다

● 　　　　한국은 OECD 국가 중 대학 진학률이 세계 1위로 학구열만큼은 최고라 할 만하다. 지금은 사회가 달라져 꼭 대학을 졸업해야 성공하는 세상이 아니지만 부모들의 학구열은 여전하다. 하지만 공부에 대한 관심만큼 공부 환경에 대한 부모들의 관심은 이에 훨씬 못 미친다.

　요즘은 보통 자녀가 1~2명이기 때문에 아이가 초등학교에 입학하게 되면 부모는 아이에게 '이제 공부 좀 해야지'라고 하면서 공부방을 꾸며준다. 아이가 공부에 집중할 수 있도록 인테리어에도 신경을 쓴다. 그런데 공부방을 꾸미는 것에도 특별한 방법이 있다.

　아이의 학습 능력을 상승시키는 데에는 아이의 재능과 노력이 필요하지만 어느 정도는 공부 환경에 따라 개선될 수 있다. 아이의 방을 비싼 가구로 꾸민다고 해서 아이의 공부 환경이 좋아지는 것은 결코 아니다. '공부방 만들기'는 '그저 예쁘고 보기 좋게 만드는 인테리어'가 아니다. 아이의 성향을 파악하고, 집중력을 높일 수 있는 최적의 공부 환경을 찾는 과정이다. 아이의 성별, 성격, 취향 등이 다르기 때문에 아이의 성향과 방향을 고려한 공부방 만들기가 반드시 필요하다.

## 책상은 가능하면 창가를 마주 보지 않게

아이의 공부방에서 가장 중요한 가구는 바로 책상이다. 책상을 어디에 배치하느냐에 따라 아이의 집중력이 달라질 수 있다. 보통 공부할 때 밝은 것이 좋다는 생각에 남쪽 창가를 마주 보도록 책상을 배치하곤 하는데 햇빛이 강하면 햇빛이 눈을 자극해서 집중력을 흐트러트릴 뿐 아니라 피로감을 주고 눈부심 때문에 시력 저하를 일으킬 수도 있다.

책상은 채광이 약한 북쪽이나 빛이 가장 적게 들어오는 곳에 배치해야 한다. 집중력을 높일 수 있기 때문이다. 책상을 배치할 때는 창문에서 되도록 멀리하는 것이 좋다. 사람은 신체의 온도가 변화할 때 졸음을 느끼는데 창문 쪽은 따뜻한 햇볕이 내리쬐는 곳으로 졸음이 오게 된다. 겨울에는 창문 틈으로 들어오는 찬 기운 때문에 감기에 걸릴 수도 있다.

게다가 창문으로 보이는 풍경이나 창밖에서 들려오는 소리에 자꾸 반응하게 되고 공상에 빠지기도 쉬워 창가는 휴식 공간으로 두는 것이 좋다. 공부방 구조상 어쩔 수 없이 창문 앞에 책상을 놓아야 한다면 블라인드로 가려주는 것이 좋다.

책상을 출입문과 등지게 배치해서도 안 된다. 출입문을 등지고 앉으면 심리적으로 불안감을 줄 수 있고 문 쪽에서 나는 작은 소리에도 몸 전체를 돌려야 하기 때문에 집중력이 흐트러진다. 그렇다고 출입문을 정면으로 바라보고 앉으면 문 밖으로 나가서 놀고 싶은 마음이 커지기 때문에 피해야 한다.

아마 여러분 중에도 책상에 앉아 있다가 등 뒤에서 문 여는 소리에 놀란 적이 있을 것이다. 이런 경험을 한 번이라도 하게 되면, 나도 모르게 문에 신경이 쓰이고 계속해서 뒤돌아보게 된다. 심리적 불안감 때문이다.


## 책상에서는 침대가 보이지 않도록


요즘 나는 책상, 침대, 소파, 식탁 등을 오가며 책을 읽는다. 책상에 오래 앉아 있다 보면 몸이 뒤틀리기 시작하는데 이때 침대가 눈에 들어오면 눕고 싶은 마음이 생긴다. 침대에 잠깐만 누워서 책을 보려고

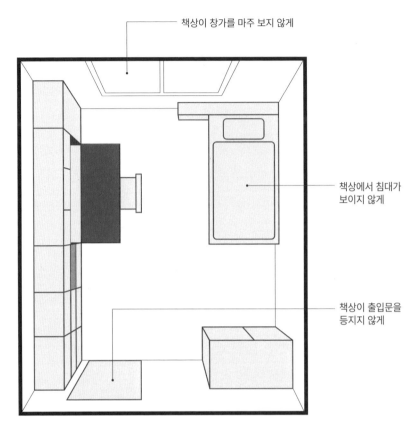

책상이 창가를 마주 보지 않게

책상에서 침대가
보이지 않게

책상이 출입문을
등지지 않게

학습 환경이 조성된 공부방 도면

했지만 이내 잠들어 버린다. 성인도 침대의 유혹을 떨치기 힘든데 아이는 두말할 것도 없다. 놀 때는 새벽까지 놀아도 졸리지 않은데 공부할 때는 초저녁만 되어도 졸린다. 공부하는 아이로 키우려면 침대 배치가 중요하다.

아이가 책상에 앉아 공부하는데 침대가 눈에 보이면 우선 신경이 쓰이고, 잠깐 자고 일어나서 해야지라는 생각을 하게 되고, 조금만 피곤해도 쉬고 싶어진다. 아이가 이런 유혹을 이기기는 힘들고, 공부 의지도 흐려질 수 있으니 가능하면 책상에서 침대가 보이지 않도록 해야 한다. 침대는 의자를 등지고 배치하는 것이 좋다. 공간적으로 여유가 없다면 책상과 침대 사이에 책장을 배치하거나 파티션을 세워 시각적으로 공간을 구분하는 것이 좋다. 방은 좁아 보일 수 있지만 집중력을 높여주는 효과가 있어 공부 환경에는 적합하다.

공부방 문을 열자마자 침대가 보이는 것도 좋지 않다. 침대의 유혹에서 벗어나기가 힘들기 때문이다. 침대의 머리 부분이 출입문 쪽에 위치하는 것은 더욱 피해야 한다. 누웠을 때 심리적으로 불안감을 준다. 침대에 누웠을 때 문이 보이는 위치가 좋다. 뜨는 해를 바라보며 자연스럽게 일어날 수 있도록 창가에 배치하는 것도 좋다. 공부방이 넓으면 모든 조건을 다 고려해서 배치할 수 있지만 쉽지는 않다.


많은 사람이 책상 앞쪽에 책장을 배치하는데 이는 절대 피해야 한다. 현재 공부하는 과목에 집중하길 바란다면 눈높이 공간에 다른 사물이 보이지 않게끔 하는 것이 좋다. 책상 앞에는 벽이 있는 것이 바람직하다.

책장과 천장 사이의 공간, 혹은 책상 아래 공간에 수납함을 만들어 자주 쓰지 않는 물건들을 정리하는 것도 좋다. 책상에 앉았을 때를 기준으로 시야를 벗어나는 위치에 선반을 달거나 수납공간을 마련하는 것도 방법이다.

## 의자는 바퀴가 없는 고정 의자로

인터넷에서 '공부방 의자'를 검색해보면 제품이 다양하다. 이 중에서 '어떤 의자가 공부하는 데 도움이 될까?' 하고 고민하다가 결국 '제일 비싼 것이 공부하는 데 최고일 거야!'라고 생각하고 가격을 기준으로 사는 경우가 많다. 가격이 비싼 제품은 대부분 회전형 의자다.

하지만 회전형 의자는 오히려 공부에 방해가 된다. 진득하게 앉아서 공부하기 어려워하는 아이들에게 빙글빙글 돌아가는 회전의자는 놀이동산의 회전놀이 기구와 같은 장난감이 되는 것은 물론 작은 움직임에도 쉽게 반응하기 때문에 집중 상태에 있던 아이조차도 쉽게 산만해지고 만다.

반면에 바퀴 없는 고정 의자는 아이의 움직임에도 흔들림이 없기 때문에 집중에 도움을 준다. 게다가 앉은 자세 그대로 유지해주기 때문에 아이가 바른 자세로 있을 수 있다. 나는 의자를 고를 때만큼은 인터넷보다는 매장에서 직접 앉아보고 구매할 것을 권한다. 공부방 의자는 한

번 사면 몇 년 동안은 거의 매일 쓰기 때문에 신중하게 선택해야 한다.

## 벽지는 차분하고 안정감을 주는 색으로

공부방의 분위기를 가장 쉽게 그리고 빨리 바꿀 수 있는 것은 벽지다. 많은 비용으로 공간 전체를 꾸미기보다 책상이 있는 벽면이나 방의 천장에 색깔이나 패턴으로 포인트를 주는 것이 분위기를 바꾸는 데 더 효과적이다. 아이가 어릴수록 창의력을 높일 수 있는 색이 좋고 중·고등학생은 공부에 집중할 수 있는 색이 좋다. 컬러에 따라 집중도가 달라지므로 공부방은 주조색을 정하는 것이 가장 중요하고 주조색과 비슷한 컬러로 통일하는 것이 좋다.

공부방에는 파랑 계열이 적당하다. 파랑색은 인내심, 집중력, 자제력을 향상시키는 데 도움이 된다. 파랑 계열은 정서적 안정감을 주기도 하는데 여자아이들에게는 거부감이 있을 수 있다. 이때는 연한 베이지색 계열로 꾸미는 것도 괜찮다.

심리적인 안정감을 주는 녹색 계열과 원목의 내추럴하고 편안한 느낌의 조합 역시 공부 환경에 있어서 쾌적한 느낌을 준다. 녹색은 눈의 피로도를 낮춰주고, 학습 의욕을 높여주며, 공격적인 행동을 누그러뜨릴 수 있다. 스트레스를 많이 받는 CEO들이 등산을 많이 하는 이유는 녹색으로 우거진 산을 보면 스트레스가 사라지고 가슴이 뻥 뚫리는 기분이 들기 때문이다.

파랑 계열은 차가운 느낌이 있어서 꺼려질 때 성별에 관계없이 쓸 수 있는 색이 녹색 계열이다. 녹색 계열이라고 해서 진한 색을 쓰는 것이 아니라 파스텔 톤의 연두색 계열을 써야 한다. 짙은 색 중에는 올리브그린을 강조색으로 쓰면 좋다.

아이가 핑크색을 선호하는 경우, 너무 진하지 않게 톤을 조절하거나 전체 분위기를 화이트로 해주고 포인트 부분만 핑크색으로 해 분홍빛을 최소화하는 것도 방법일 것이다. 색의 톤이나 색을 쓰는 범위를 조절해서 꾸미는 것이 좋다.


## 전체 조명과 보조 조명을 함께 사용


공부방 조명은 분위기 조성뿐 아니라 눈 건강에 직접 영향을 주는 요소다. 멋진 인테리어 조명보다는 방 전체에 골고루 빛이 퍼지도록 하는 메인 조명을 잘 선택해야 한다. 조명색도 중요한 요소인데 공부에 가장 집중할 수 있는 조명색은 주광색이다. 공부방은 아이에게 최적화된 환경을 조성해주어야 하는데 조명을 잘 활용하면 집중력을 높일 수 있다.

공부방은 방 전체를 비추는 일반 조명만으로는 부족하다. 조명이 아이의 뒤쪽에 있으면 그림자로 인해 학습 능력이 저하된다. 시력을 보호하고 기억력과 집중력을 최대한 발휘할 수 있도록 스탠드를 배치하자. 스탠드를 사용할 때 먼저 손 그림자가 생기지 않도록 스탠드는 손 반대편에 설치해야 한다. 아이가 사용하는 손과 반대쪽에 설치하여 그림자가 생기지 않도록 하는 것이 좋다. 공부방의 전체 조명을 끈 상태에서 스탠드만 사용하면 눈에 직접적인 자극을 주고 큰 밝기 차이 때문에 눈의 피로도가 높아지고 시력 저하의 원인이 되니 주의하자.

따라서 스탠드는 보조 조명기구로 활용하고 전체 조명과 함께 사용해야 한다. 스탠드는 밝기, 색온도 조절이 가능한 LED를 설치하면 효과를 볼 수 있다. 책상과 분리된 스탠드형보다 책상에 부착된 조명으로 책상 전체를 밝게 해야 효과적이다. 공부방 스탠드는 어두운 조명이 근시를 유발하기 때문에 500~1,000lx의 밝은 조명을 선택하자. 책상에 컴퓨터를 둘 경우에는 모니터에 조명이 반사되지 않도록 설치해야 한다.

실제로 카이스트에서 초등학교 학생들을 대상으로 멀티미디어 시청과 수학 문제를 풀 때 조명이 어떤 영향을 미치는지 연구를 진행했다. 보통의 형광등보다 6,000K 이상의 색온도에서 수학 문제 정답률이 17% 이상 상승했고, 5,000K 정도의 색온도에서 멀티미디어 집중력이 높았다고 한다.

# 공부방은 조용하게

아이들이 공부하는데 창밖, 화장실, 주방이나 거실에서 소음이 발생하고 있다면 집중력이 저하되고 집중하는 데 어려울 수밖에 없다. 집안에서 나는 소음은 바로 해결하도록 해야 한다. 화장실 물소리, 설거지 소리, 에어컨 소리가 신경 쓰이면 방을 바꾸는 것도 방법이다. 집 구조를 관찰하여 소음이 들리지 않는 방으로 바꾸면 된다.

미국 캘리포니아대 로셀 폴드렉 교수는 여러 가지 일을 동시에 하는 등 산만한 상태에서 지식을 습득하게 되면 기억력이 낮아진다는 연구 결과를 내놓기도 했다. 즉, 노래를 들으면서 공부하면 기억력이 낮아진다는 것이다. 그래서 음악을 들으며 공부하는 습관은 꼭 고쳐야 한다. 그래도 공부하면서 음악을 들어야 한다고 고집을 부린다면 가사가 없는 클래식이나 자연의 소리를 듣는 것이 좋고, 이어폰을 사용하지 않은 채 스피커로 듣도록 해야 한다.

아이의 집중력을 방해하는 소음에는 어떤 것들이 있을까? 소리가 크고 고음만 소음이 되는 것은 아니다. 소리가 작아도 지속시간이 길고 반복되면 소음이다. 이런 소음을 들으면 혈압이 높아지고 맥박이 증가함은 물론 호흡 횟수도 증가한다. 벽시계나 탁상시계의 똑딱거리는 소리는 불안한 마음을 들게 하고 아이의 집중을 방해한다. 시험을 앞두고 있거나 신경이 예민한 상태에서는 더욱 영향을 끼칠 수도 있으니 무소음 시계로 바꾸어주는 것이 좋다.

저주파 소음도 없애야 한다. 저주파 소음은 버스나 기차뿐 아니라 자주 사용하는 냉장고, 에어컨, 공기청정기, 가습기, 제습기 등의 전자제품에서도 나온다. 저주파 소음을 떨쳐내기 위해서는 다른 소음과 함께 공기를 통해 사라지도록 창문이나 문을 열어 놓는 것이 좋다. 냉장고나 에어컨과 같이 저주파 소음이 많이 나오는 전자제품은 공부방에서 멀리 배치하여야 한다.

아이의 공부방에서 들리는 외부 소음도 최대한 막아야 한다. 아파트는 대칭 구조이기 때문에 우리 집 아이 방의 반대편에 대부분 아이 방이 있다. 옆집 아이 방에서 들리는 음악 소리, 알람 소리, 대화 소리는 여간 신경이 쓰이는 게 아니다.

이런 경우 공부방에 방음제를 설치하면 된다. 방음제는 벽면에 부착하면 되는데 요즘은 두께가 얇은 것부터 두꺼운 것까지, 그리고 재료도 다양하다. 방음 성능에 따라 가격도 천차만별이지만 완벽한 방음은 불가능하기 때문에 어느 정도 차단할 수 있으면 된다. 방음제에 따라 두께가 다른데 방음제가 너무 두꺼우면 공부방이 너무 좁아지기 때문에 얇은 것을 선택해야 한다. 천장에 붙이는 방음제도 있어서 층간소음을 어느 정도 해결할 수 있다.

## 공부방 내 실내 온도는 약간 낮게

習도가 높으면 불쾌감이 생기고 춥거나 더워도 학습에 집중할 수가 없다. 공부에 방해되지 않는 가장 적절한 온도는 겨울철엔 22~24도, 여름철엔 26~28도다. 습도는 계절에 관계없이 50%가 적절하다. 온도는 높은 것보다 약간 낮은 것이 집중에 도움이 된다. 따뜻한 환경은 나른하게 만들어 졸리게 하기 때문에 여름에는 바깥 온도와 5도 이상 차이 나지 않도록 유지하는 것이 집중력은 물론 건강을 지키는 비결이다. 공부방 내 이산화탄소 농도가 높을 경우, 이유 없이 하품이 나거나 졸음이 쏟아지며 집중력이 흐려질 가능성이 높기 때문에 자주 환기를 시켜주는 것이 좋다.

## 책상 위 유리판은 반드시 제거

새로 구입한 책상 표면에 흠집이라도 생길까 염려되어 책상 위에 유리판을 까는 사람들이 많은데 만약 그렇다면 당장 치워야 한다. 유리를 깔면 책상이 정돈되어 보이지만 유리에 몸이 닿으면 신체에 온도 변화가 생기고 졸음을 유발하기 때문이다. 유리는 열전도율이 높아서 냉기를 빠르게 전달한다. 아이들이 공부할 때 가장 힘든 것이 졸음이다.

　유리로 인한 또 다른 문제는 빛을 반사하고 반사된 빛이 눈을 자극하여 아이의 시력을 저하시키고 쉽게 피로감을 느끼게 한다는 것이다. 유리는 스탠드의 불빛을 반사하고, 전체 조명이나 햇빛도 반사한다. 책상에 깐 유리 아래에 가정통신문, 주기율표, 지도, 명언, 시간표 등 이것저것 끼워두는 경우가 있는데 이것도 아이의 공부 집중력을 떨어뜨리는 요인이다.

## 공부방은 아이와 함께 꾸미기

　공부방을 꾸밀 때 '아이가 뭘 알겠어?'라는 생각으로 보통 부모가 알아서 만든 후에 아이에게 서프라이즈 식으로 보여주는 경우가 많다. 하지만 공부방을 아이와 함께 의논하고 만들어나가는 과정은 아이로 하여금 자신의 공부방에 애정을 가지게 하는 좋은 계기가 된다. 아이 스스로 직접 가구의 디자인이나 컬러를 선택하게 해서 자신이 만든 방이라는 인식을 가지게 해보자. 아이가 스스로 꾸민 방에 애착을 가질수록 공부방에 좀 더 오래 머물 수 있게 될 것이다.

# 아이를 위한 1평 공부방 만들기

집이 좁거나 함께 사는 가족들이 많아 아이에게 별도의 공부방을 만들어주기 어려운 경우가 꽤 있다. 이런 경우 집에 있는 자투리 공간이나 가구 등을 활용해서 아이에게 적합한 공부 공간을 만들어줄 수 있다. 이때 필요한 가구는 책상, 의자, 책장, 수납장 등이다. 이들을 어떻게 배치하느냐에 따라 아이에게 적절한 공부 환경을 제공해줄 수 있다.

반 평의 공간만 있으면 아이에게 충분히 공부 공간을 만들어줄 수 있다. 가로 0.8m×세로 2m가 최소 면적이고, 가로 1.6m×세로 2m면 충분하다. 또한 가로 2.4m×세로 2m 크기의 공간이 있으면 여유로운 공부방을 만들 수 있다.

집에서 반 평 공간은 간단하게 만들 수 있다. 침실, 거실, 부엌의 코너, 구석구석에서 사용하지 않는 운동기구, 이사한 후 한 번도 열어보지 않은 상자, 의류를 담아 놓은 상자 등 '지금 사용하지 않는 것'을 옮기거나 버리면 반 평은 만들 수 있다. 내 아이의 공부방을 만드는 데 이 정도의 노력은 필요하다. 집의 면적을 늘리는 것은 어렵지만 사용 가능한 면적을 늘리는 것은 그다지 어렵지 않다.

거실 등 가족과 함께 쓰는 공간에 공부방을 만드는 경우는 이동식 의자와 파티션으로 공간을 구분하면 된다. 공부가 끝나면 의자를 원위치해서 편하게 앉고, TV도 볼 수 있다.

한 평 공부방은 여유 있는 책상(1,200mm×600mm)과 책장(1,500mm)이 들어갈 수 있는 공간이다. 책장을 경계로 다른 공간과 구분하거나 침대의 끝부분에 책장을 두고 벽 쪽에 책상을 둘 수도 있다.

생각해보면 공부하는 데 아주 넓은 공간이 필요한 것은 아니다. 이런 공간은 베란다를 활용해도 쉽게 만들 수 있다. 우리나라 아파트에는 베란다 공간이 있는데 베란다 끝부분에는 붙박이장이 있거나 비어 있는 경우도 있다. 베란다 폭은 아파트마다 다르지만 최소 1m 이상은 된다. 베란다에는 대부분 외부로 창문이 있고 창문의 크기는 다르지만 끝부분은 벽체로 되어 있다. 벽체를 활용해서 벽면을 바라보고 책상을 두면 된다. 벽면에 책장이나 선반을 두고 앞쪽에 책상을 둔다. 책장이나 선반보다 약간 튀어나오게 책상을 두면 책상 깊이의 최소 면적만으로 공부방을 만들 수 있다. 구석을 활용하기 때문에 문을 따로 두지 않아도 되지만 붙박이장을 활용한다면 문을 활용해서 사용할 때는 열고 사용하지 않을 때는 닫아도 된다. 베란다 끝부분은 양쪽이 벽체로 되어 있어서 집중하기에는 최적이다. 물론 이런 공간은 집중을 요하는 공부에 적절할 것이다.

베란다는 방마다 붙어 있는 경우가 많고 너비도 최소 1m에서 2m에 이르는 경우가 있다. 다른 방도 베란다를 활용하면 가족들의 공부방을

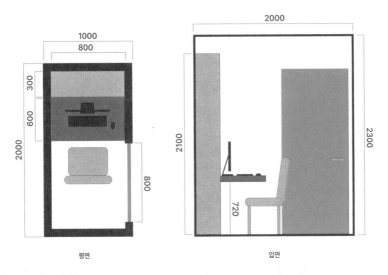

1000
800
300
600
2000
800
평면

2000
2100
2300
720
입면

1평 공부방 도면(현재 도면은 0.6평)

만들 수 있다. 부부 침실의 베란다를 활용해서 책상을 둘 수 있고, 아이 방에도 베란다를 활용해서 보조 책상을 두면 색다른 공간을 창출할 수 있다. 베란다와 유사한 공간은 곳곳에서 찾을 수 있다. 팬트리가 충분히 넓고 사용하지 않는다면 공부방으로 만들 수 있다. 방과 방 사이에 생기는 코너나 계단 하부 공간을 활용해서 책상과 책장을 두어도 멋진 공부방이 된다.

또 아파트에는 방마다 붙박이장이 있다. 붙박이장이 있었던 공간을 활용해서 공부방을 만들 수도 있다. 원래의 붙박이장을 그대로 두고 내부에 선반을 활용해서 책장과 책상을 만들 수 있다. 요즘은 붙박이장의 문턱이 없어서 의자를 넣고 빼기도 편리하다. 붙박이장을 활용하는 경우는 문이 있어서 공부를 할 때에는 문을 열고, 공부를 하지 않을 때에는 문을 닫아 두면 방을 정리하는 데에도 효과가 있다. 물론 문을 아예 없앨 수도 있다.

### 아이를 위한 공부 책상 만들기

아무리 해도 공부방을 만들기 어렵다면 공부할 수 있는 책상이라도 두어야 한다. 가구 중에는 접거나 펼 수 있는 가구도 있다. 접이식 가구를 활용해서 공부할 때 펼쳐서 책상으로 사용할 수 있는 가구가 있다. 때로는 벽걸이 책상도 가능하다. 벽 쪽에 접었다 폈다 할 수 있는 선반형 책상을 둘 수도 있다. 이것을 부엌이나 거실의 한쪽에 두어 사용할 수 있다. 다른 가족들이 사용하지 않는 공간을 활용하면 된다. 또 아이 방이 따로 없을 때는 시간에 따라 공간의 변화를 주는 방법도 있다. 기존 가구를 시간 차로 활용하는 방법인데 식탁을 책상으로 바꾸는 것이다. 식사시간이나 가족 모임 이외에 사용하지 않는 것이 식탁이다. 하지만 식탁도 충분히 분위기만 바꾸면 엄마와 공부하는 책상으로 바꿀 수 있다.

방을 넓게 쓰기 위해서는 물건을 정리하는 데 용이한 붙박이장을 활용하는 것도 좋다. 붙박이장의 깊이가 1m는 되기 때문에 책상을 놓기에도 충분하다.

　어린 시절 내가 살았던 집은 아버지가 직접 설계하고 지으셨는데, 그 당시 공부방에 유닛을 적용했다. 4남매의 방을 각각 만들어줄 수 없기에 딸과 아들 방으로 구분하고 2명씩 생활하게 했다. 그 방은 책상 2개, 옷장 2개, 잠을 잘 때만 사용할 수 있는 취침 공간으로 되어 있었다. 각자의 공부 공간도 보장이 되면서 4남매가 다 모일 수 있는 공부방도 있었다. 모두 모여서 공부할 수 있는 공간이 따로 있어서 함께 공부하기도 하고 놀기도 했던 기억이 난다.

# ⓘ⁺² 아이의 집중력을 높이는 10초 정리 정돈법

최적의 학습 공간이란 어떤 것일까? 전문가들은 정리 정돈만 잘되어 있어도 집중력을 높일 수 있다고 한다. 공부에 집중하기 위해서는 공부방을 최상의 상태로 바꿔줄 '정리하는 기술'이 필요하다. 정리의 시작은 곧 '버리는 것'이다.

공부를 할 때는 시야에 쓸모없는 물건이 들어오지 않는 환경을 만드는 것이 중요하다.

## 책상 위 시각을 자극하는 물건 제거하기

아이가 공부할 때 시선을 가장 많이 빼앗기는 곳이 책상이다. 반드시 필요한 것도 아닌데 책상 위에 놓여 있어 자리만 차지하고 있는 물건이 있는지 점검하자. 당장 공부할 책, 필기도구 외에 다른 물건은 모두 치운다. 장식품이나 장난감 등도 마찬가지다.

책상 위 물건과 집중력은 관계가 있을까? 책상이 어지럽혀져 있으면 집중할 수 없다는 것은 과학적으로도 근거가 있다. 미국 프린스턴대학교 신경과학연구소의 '시각 자극의 종류와 집중력의 상관관계에 대한 연구'에 따르면, 아무리 주변에 신경을 쓰지 않으려고 해도 시야에 쓸모

없는 정보가 하나 들어오면 집중력은 나도 모르는 사이에 떨어진다고 한다. 공부 중 영수증, 인형, 스티커와 같이 공부와 관계없는 것이 돌연 시야에 들어오는 순간 시각이 자극된다. 공부하다가 다른 생각을 하는 것은 의지가 약해서이기보다 시각적인 요인 때문인 경우가 많다. 따라서 책상 위에는 공부와 관련 없는 것을 두지 말아야 한다.

### 책장은 자주 보는 책 위주로 정리하기

책장 정리도 전략이 필요하다. 책장에 책을 꽂을 때 아이에게 필요하고 자주 보면 좋은 책들을 우선순위로 정리해야 한다. 아이에게 꼭 필요한 책이나 자주 보는 참고서 위주로 눈에 잘 띄고 손이 잘 닿는 위치에 정리한다. 그리고 시선이 잘 안 가는 윗단과 아랫단은 가끔 찾는 책 위주로 정돈한다. 최근 1년간 펼쳐보지 않은 책은 최대한 멀리 둔다.

책은 아이들에게 최고의 선생님이자 가장 좋은 친구다. 아이들이 책에 매력을 느끼도록 불필요한 책이나 전혀 보지 않는 참고서 등은 과감하게 버려야 한다. 학년이 올라갈수록 책장이 점점 책으로 가득 채워지면 아이는 공부할 양이 많다는 압박감에 스트레스를 받을 수 있다.

### 아이 연령대에 맞는 물건 위주로 정돈하기

고학년이 될수록 아이의 신체가 커지게 되므로 책상도 아이 몸에 맞게 바꿔줘야 한다. 초등학생 때 산 작은 책상을 대학생이 될 때까지 쓰는 경우도 생각보다 많다고 한다. 부모가 조금이라도 신경을 기울이면 개선될 수 있는 부분이다.

아이가 어렸을 때 하나씩 사주었던 장난감이나 인형들도 굳이 공부방에 둘 필요가 없다. 아이 방에 있는 불필요한 물건들을 효율적으로 정리하기 위해서는 물건을 종류별로 모아놓고 분류하면 편하다. 예를 들어, 책은 책끼리, 문구류는 문구류끼리 종류에 따라 한곳에 모아놓는다. 그다음 필요 없다고 판단되는 물건들과 재사용할 수 있는 물건들로 분류하면 효율적인 정리를 할 수 있다. 몇 년 동안 사용하지 않았거나 앞으로도 사용할 가능성이 없는 물건들은 과감하게 버리는 것이 아이 방 정리의 시작이다.

또한 집중력이 높은 공부방을 만들기 위해서는 아이에게 자기 방이라는 인식이 생겨야 한다. 공부방에 아이의 물건만 배치하고 다른 가족의 물건은 보관하지 않는 것이 좋다.

미국 미시간대학교의 심리학자 에단 크로스는 "외부 환경이 질서정연하면 마음도 덜 혼란스러워진다"라며, "정돈된 환경을 통해 삶이 좀 더 예측 가능한 방향으로 흘러가며 그 방향을 잡기 쉽고 위안을 느낀다"라고 말했다. 정돈된 환경이 삶에 얼마나 긍정적인 영향을 미치고 있는지를 보여주는 대목이다. 아이의 공부방도 실용적이고 간결하게 정리해 공부에 집중할 수 있는 환경을 조성해주자.

# URBAN SPACE
# CULTURAL SPACE
# EDUCATIONAL SPACE
# LIVING SPACE

2

# 학교공간,
# 어떻게
# 바꿀 수 있을까?

## 교육공간

# 학교공간은 곧 교과서다

● 　　　　우리 아이들을 위한 대부분의 교육은 학교에서 이루
어진다. 그럼에도 불구하고 학교라는 공간을 그저 공부를 하는 장소
로만 여기지, 학교 공간 그 자체를 교육으로 생각하지 않는 사람이 많
다. 학교는 배우고 생활을 영위하는 공간으로서 학교 공간 자체가 교
과서이고 곧 교육이다.

　학교의 부지를 보면 운동장, 건물을 비롯해 창문, 교실, 책상, 칠판
등 모든 것이 네모나다. 내가 방문한 학교의 아이들에게 학교의 모습
을 그리라고 했더니, 하나같이 네모난 모양을 그렸다. 아이들의 특성
과 성격이 모두 다르고, 꿈도 다른데 네모난 학교에 그런 아이들을 가
둔 셈이다. 물론 다른 건물들도 기본 틀은 네모인 경우가 많다. 그런데

크기, 모양, 비율이 거의 동일한 네모는 아마 학교가 유일할 것이다.

이탈리아의 건축학자 조르조 폰티는 "학교 건물이 가르친다"고 말했다. 그런데 아이들이 하루 10시간 동안 네모난 공간에 갇혀 있다면 어떤 생각을 하게 될까? 우리 아이들은 네모난 학교 건물에서 무엇을 배울 수 있을까?

그동안 한국의 건축물에 왜 네모 형태가 많을까 하는 생각을 오랫동안 해왔다. 그러다 '건물을 설계하는 건축가들조차 네모난 학교에서 성장했으니 네모라는 틀에 사고가 갇힌 것이 아닐까' 하는 생각을 하게 됐다. 그들이 설계한 병원, 군대, 교도소도 대부분 네모 형태를 가지고 있다.

## 공간의 틀을 깬 학교, 남양주 동화고등학교

공간의 틀을 깬 학교가 한 곳 있다. 남양주에 있는 동화고등학교다. 삼각형 모양의 학교인데, 내가 처음 이 학교 사진을 접하는 순간 머릿속으로 가장 먼저 떠오른 것은 '교육청 허가는 어떻게 받았을까'라는 생각이었다. 너무 궁금해서 학교를 설계한 건축가를 수소문해서 전화를 걸었다. 그의 대답은 예상대로였다. 교육청과의 협의가 힘들었고, 담당자가 중간에 계속 바뀌면서 수차례 설득을 해야 했단다. 결국 허

삼각형 형태의 동화고등학교(좌)와 중정이 있는 동화고등학교(우)
(건축설계:네임리스건축 나은중, 사진:노경·네임리스건축)

가받기까지 1년 이상의 시간이 걸렸다고 한다.

건축가의 이야기를 들으면서 "고생하셨어요"라는 말이 나도 모르게 튀어나왔다. 현재 이 학교는 학교 건축의 틀을 깬 '삼각형 학교'로 유명하다. 삼각형의 중앙부는 정원으로, 하늘도 보고 파티도 하고 운동도 하고 사색도 하는 공간이 되었다. 덕분에 다양한 매체에서 우수사례로 등장하지만 그 안에 담긴 건축가의 노력은 상상하기 힘들다.

한국의 교육정책은 학교 폭력, 교육 개혁, 학교 폐쇄성, 학교 안전, 급식 문제 등을 해결하기 위해 계속 바뀌었다. 교육과정은 크게는 7차례, 그 후 작게는 4차례나 더 바뀌었다. 교육정책과 교육과정은 널뛰

듯 바뀌어도 교실은 반세기 넘게 똑같다. 교육과정만큼이나 교실 공간의 개선이 이뤄진다면 시너지 효과를 낼 수 있지 않을까?

어른들은 아이들에게 너희가 미래의 주역이라고 말하면서 교도소와도 같은 학교에 아이들을 가둔다. 자라나는 아이들은 학교에서 창의력을 길러야 하는데, 어른들이 똑같은 형태로 지은 네모난 학교에서 자라난다.

옛날 앨범을 꺼내서 내 아이가 졸업한 초등학교, 중학교, 고등학교의 사진과 내가 졸업한 초등학교, 중학교, 고등학교의 사진을 비교해 본 적이 있다. 결과는 예상대로였다. 사람은 다른데 학교는 똑같다. 학교의 외관은 네모나고 평면적이다. 모두 네모난 학교를 졸업하고, 네모난 학교 앞에 서서 꽃다발을 들고 기념 촬영을 한다. 유연한 공간은 창의적 사고로 이끄는 힘이 있는데 우리 아이들이 다니는 학교에는 유연한 공간이 없다. 입체적인 공간은 입체적인 사고를 촉진하는데, 학교에는 생각과 창의력이 성장할 수 있는 입체적인 공간이 없다.

1960년대에 만들어진 학교의 표준설계도가 1990년대 폐지되었음에도 불구하고 아직도 학교의 형태에는 과거의 잔재가 남아 있다. 학생 수에 따라 교실의 면적을 계산해 교실의 수가 정해지고, 또 전체 면적이 결정되는 시스템은 지금도 별 차이가 없다.

공공 건축물 중에서 학교의 공사비가 가장 낮다는 것도 주목할 만한 점이다. 중앙대 전영훈 교수의 조달청 공공 건축물 유형별 공사비

학생들을 위한 입체적인 건축외관 디자인이 돋보이는 서울 고이초등학교의 설계공모 2등 작품. 당선되지는 않았지만 창의력을 키우는 입체적인 공간이 많은 학교를 바란다(건축설계·금성건축 김용미)

(2016년)를 분석한 결과에 따르면 학교를 짓는 비용이 가장 낮았다. 심지어 감옥을 짓는 비용보다도 낮은 것으로 확인했다. 초등학교의 건축비가 m²당 166만 원이 드는 반면에 교정시설의 건축비는 m²당 258만 원이 소요된다고 한다. 전영훈 교수는 건축비만 따지면 '감옥 같은 학교'가 아니라, '감옥보다 못한 학교'를 짓고 있는 셈이라고 지적하기도 했다.

학교 공간 중 교실은 학생들이 하루 중 가장 많은 시간을 보내는 곳이다. 네모난 교실과 네모난 칠판, 그리고 네모난 책상에 앉아 칠판 쪽만 바라보는 학생들. 수십 년째 변하지 않는 정형화된 교실 풍경이다. 왜 모든 교실이 앞을 바라보고 있을까? 왜 선생님은 항상 교실 앞쪽에 있어야 할까? 왜 우리는 이런 모습을 너무 당연하게 받아들일까?

한 고등학교를 방문했을 때 선생님 책상이 교실의 중앙에 있고, 선생님을 중심으로 학생들이 둥글게 모여 앉은 구조를 본 적이 있다. 컴퓨터 과목의 수업이었는데, 선생님께 구조가 특이하다고 질문을 하니 아이들의 질문을 바로 받아주기 위해 일부러 이런 식으로 자리를 배치했다는 대답이 돌아왔다. 매우 신선한 구조라는 생각이 들었다.

이런 사례 외에는 전국 학교를 돌아봐도 대부분의 초·중·고등학교의 교실 구조는 동일했다. 배우는 과목과 선생님은 다른데 교실은 늘 똑같다. 공부 과목으로 치면 과학도 물리, 화학, 지구과학, 생물로 나뉘는데 교실의 모습은 늘 똑같다. 실험이나 요리 등과 같이 실습을 필요로 하는 장소를 제외하면 어떤 교실에 가도 구조가 똑같은데, 군이 교실을 바꿔가며 공부할 필요도 없는 게 사실이다.

다행히도 최근 교육계에서는 학교 공간을 탈바꿈하려는 시도를 곳곳에서 하고 있다. 서울시교육청에서 추진한 '꿈을 담은 교실 프로젝트'는 네모난 교실에 작은 변화를 시도한 사업이다. 학생들의 주된 생활 공간인 교실을 정형적인 공간에서 창의적인 공간으로 바꾸는 것이다. 실제로 이곳에서 유연하고 감성적으로 변화하는 아이들을 만날 수 있었다. 공간은 단순히 공부를 하는 공간이 아닌, 제3의 교사가 될 수 있다.

# 학교 폭력을 줄이는 녹색 환경

●        지식은 책에서 배우고 지혜는 자연에서 배운다는 말이 있다. 지금의 학교는 책으로 배우는 공간에는 관심이 많지만 자연으로 배우는 공간에는 여전히 관심이 적다. 자연이 교육에 주는 효과를 입증하기에는 오랜 시간이 걸리기 때문이다. 그러나 우리의 오늘은 과거의 교육이 만든 결과물이고 우리의 미래는 오늘의 교육이 만들 결과물이다. 교육으로 인한 사회적인 결과물을 얻기까지에는 족히 30년 이상은 걸리는 것 같다. 그만큼 교육에는 오랜 시간을 투자해야 하는데, 이는 자연을 통한 교육 공간을 구축하는 것에도 마찬가지로 적용되어야 한다.

학교 폭력도 중요한 사회적 문제이자 오랜 시간의 투자가 필요한 이슈다. 학교 폭력은 청소년기에 나타나는 부적응, 불안감, 열등감, 반항심, 스트레스와 밀접하게 연관되어 있다. 최근에는 물리적 폭력과 함께 모욕, 따돌림, 성폭력과 같은 정서적 폭력도 폭발적으로 늘고 있다. 그렇다면 청소년기의 잠재된 폭력성을 줄여 학교 폭력을 막는 방법은 정말 없는 걸까? 학교 폭력은 앞만 보고 달리도록 압박받은 청소년들이 이 사회에 주는 경종이자 아이들의 외침과도 같다. 그들을 보듬고 위로할 공간이 절실히 필요한 때다.

## 숲이 주는 효과

청소년기에 좁고 무미건조한 교실에 갇혀 오랜 시간을 보내게 되면, 감정이 요동치는 때에 공간에서 전혀 위로를 받을 수가 없다. 갇혀 지내야 하는 아이들에게 더더욱 자연을 느낄 수 있도록 해야 한다. 일본 환경청에서는 학교 주변 녹지 환경이 증가할수록 학교 폭력의 발생률이 떨어진다는 보고를 하기도 했다. 일본에서는 실제로 녹색 환경이 아이들의 정서 안정에 커다란 영향을 미친다는 것을 바탕으로 학교 주변에 녹화사업을 펼치고 있다고 한다.

숲은 정서 행동 및 학교 폭력을 해결하고, 스트레스를 줄여주는 치료제가 될 수 있다. 특히 '학교 숲'이 조성된 학교 학생들의 집중력과

학생들이 나무 아래서 쉴 수 있는 공간이 마련된 명일초등학교의 야외공간
(디자인 디렉터:공유건축 송상환)

호기심, 정서적 균형이 높다는 조사 결과도 있다. 우리나라 산림청 임업연구원에서 실시한 '학교 숲이 학생들의 정서, 자연심리태도 및 애교심에 미치는 영향'에 대한 조사 결과에 따르면, 학교 숲은 학습에 도움이 되는데 초등학생들에게는 집중력 향상에 효과가 있고, 초등학생과 중학생에게 호기심을 키워주는 효과가 나타났다고 한다.

중학생의 경우에는 숲을 주변에 둔 경우 정서적 균형감이 좋아진다. 미국의 환경심리학자인 리처드 테일러는 자신의 연구에서 녹지가 많은 환경에 사는 아이들일수록 집중력이 뛰어나고 주변에 녹지가 없는 아이들보다 충동 억제 능력이 뛰어났다고 밝혔다.

우리나라에서도 산림 면적과 정서 행동 및 학교 폭력의 연관 관계를 살펴본 통계가 있다. 우리나라에서는 강원도가 가장 산림 면적이 넓은데, 강원(82%), 전남(57%), 전북(55%) 순으로 산림 면적이 넓을수록 정서 행동 및 학교 폭력이 감소하는 경향이 나타났다고 한다. 그중에도 농업·산촌 지역이 도시 지역에 비해 학생들이 안정적이고 폭력성이 적은 것으로 나타났다.

대만의 우치다 교수팀은 하굣길의 녹지량이 아이의 성적에 영향을 미친다는 연구 결과를 낸 바 있다. 즉 학교 주변에 나무가 많은 것만으로도 초등학교 저학년 아이들의 성적이 향상되는 효과를 거두었다는 것이다.

아이들이 다니는 대부분의 학교 주변은 울타리나 담장으로 둘러싸여 있는데, 아이들이 학교에 가려면 이 울타리나 담장을 따라가다가 정문으로 들어가게 된다. 울타리나 담장에 식물이 있는 경우도 있지만, 그렇지 않은 학교가 훨씬 많다. 이런 환경은 아이들에게 어떤 영향을 줄까? 담장이나 울타리, 방음벽은 거칠다 못해 삭막한 모습이다. 매일 이런 환경에서 등하교를 하다 보면 공부에 지친 아이들이 잠시 숨을 고를 수 있는 여유조차 갖기 어렵다. 아이들이 등하교를 할 때마다 바라보며 머리를 비우고, 마음을 식힐 수 있는 정원을 만들어주는 것이 우리 어른들이 할 일이다.

# 아이들에게 필요한 자연 속 학교

나는 대학에서 조경을 전공했다. 대학을 졸업한 지 30년도 넘어서 가물가물하지만, 대학 시절 묘지 조경은 들은 적이 있어도 학교 조경을 배운 기억은 나지 않는다. 과연 학교 조경이라는 것이 있기는 할까?

서울시교육청에는 건축, 토목 등의 시설직이 180여 명에 이르지만 조경직은 단 1명도 없다. 몇 년 전까지만 해도 2명이 있었다고 들었는데 지금은 그마저도 없다. 학교의 조경 면적으로만 계산해도 15% 아니 7.5%는 있어야 하지 않겠는가? 시설직 180명 대비 13~18명 정도는 있어야 한다. 그래야 학교 조경에 대한 다양한 시도를 모색할 수 있다. 그만큼 한국이 학교 조경을 고민하지 않는다고 할 수 있다. 학교 조경이 변화하지 못하는 데는 이런 이유도 없지 않을 것이다. 아파트 조경은 경제 논리로 인하여 나날이 발전하고 있는데 학교 조경은 여전히 그대로다. 오히려 면적도 줄어들고 있다.

우리가 학교에서 볼 수 있는 자연은 어떤 모습일까? 일반적인 학교 조경의 모습이라면, 학교의 본관을 중심으로 가이즈카 향나무가 줄지어 있고, 그 앞에 띄엄띄엄 옥향이 있으며, 경계부에 회양목이 띠를 이루고 있다. 나무들 사이에는 보통 2~3개의 동상이 있다. 꽃이 피는 나무로는 철쭉이나 영산홍이 주로 심겨 있다. 학교 담장 쪽에는 잎이 뾰족한 침엽수가 많고 장미가 줄지어 심긴 곳도 있다. 사계절 푸른 나무

전형적인 학교 조경의 모습. 일렬로 심겨진 향나무와 동상들

도 있어서인지 언뜻 그럴싸해 보인다. 그런데 자세히 살펴보면 이들
은 관리가 용이한 식물이고 전국 어디서나 잘 자라는 나무들이다. 서
울에 있는 학교, 경기도에 있는 학교, 강원도에 있는 학교, 전라남도에
있는 학교, 경상남도에 있는 학교도 이런 스타일로 비슷하게 되어 있
다. 그리고 아이들이 학교의 담을 넘지 못하도록 가시가 있는 장미도
많다.

학교에 조경을 한다고 해도 조경은 결국 시간과 비용이 필요하기
때문에 유지 관리가 용이한 쪽으로 접근을 하게 된다. 학교 경계에 잎

이 뾰족한 침엽수를 심는 이유가 여기에 있다. 가시가 있는 장미와 마찬가지로 아이들이 담을 넘어 도망가지 못하게 하려고 하는 이유가 크고, 두 번째로는 낙엽 때문이다. 경계부에 잎이 큰 활엽수나 열매가 있는 유실수를 심으면 인근 지역에서 낙엽과 열매 때문에 지저분하다는 민원이 나온다. 낙엽을 치우는 인력이 늘 필요하고, 결국엔 나무를 잘라내야 하는 상황도 올 수 있다.

한국의 건축법 제42조에 따르면 '대지의 조경은 면적이 200m² 이상인 대지에 건축을 하는 건축주는 용도 지역 및 건축물의 규모에 따라 해당 지방자치단체의 조례로 정하는 기준에 따라 대지에 조경이나 그 밖에 필요한 조치를 하여야 한다. 다만, 조경이 필요하지 아니한 건축물로서 대통령령으로 정하는 건축물에 대하여는 조경 등의 조치를 하지 아니할 수 있으며, 옥상 조경 등 대통령령으로 따로 기준을 정하는 경우에는 그 기준에 따른다'라고 되어 있다.

이 규정에 의거해 서울시 건축조례 제24조에는 대지 안의 조경을 연면적의 합계가 2,000m² 이상인 건축물은 대지 면적의 15% 이상 하도록 하고 있다. 하지만 학교는 조경 면적 기준의 2분의 1 이하로 한정한다. 이 말인즉슨, 학교 면적의 7.5% 이상만 조경을 하면 된다는 뜻이다. 7.5%는 학교 부지의 가장자리에만 나무를 심어도 되는 면적이다. 그러니 한국에서는 학교 내부에 조경이 거의 없는 것이라고 보아도 된다. 상황이 이렇게 심각한데도, 누구 하나 학교의 조경 면적에 대해 의문을 제기하거나, 조경 공간이 더 생겨야 한다는 목소리를 내지 않는다. 학교 조경의 중요성에 대해 사회가 입을 다물고 있는 셈이다.

심지어 학생 수가 1,000명이나 되는 학교에 아이들이 휴식할 수 있는 파고라나 2인용 벤치 4개가 고작인 것을 본 적이 있다. 교실은 갑갑하고 밖으로 나가도 아이들이 쉴 수 있는 휴식 공간이 거의 없다. 파고라나 벤치가 있다고 해도, 아이들이 쉽게 이용하기 어려운 곳에 있는 경우가 허다하다. 휴식 공간은 학교 출입구에서 교사동까지 가는 동선과 자연스럽게 연결되어야 하는데, 건물이나 운동장을 위주로 공간을 배치하고 남는 자투리 공간에 뭔가를 만들다 보니 아이들이 잘 이용할 수가 없다. 심지어 학교 내에 벤치가 어디에 있는지조차 모르는 아이들이 많은 것이 현실이다.

# '마음풀' 공간의 기적

●         청소년들이 자연을 보고 느낄 수 있는 공간 '마음풀'은 서울시 동대문구 전일중학교에 처음 만들어졌다. 서울시가 평소 디지털 매체에 노출되어 있는 청소년들이 자연을 보고 느낄 수 있도록 공간을 구상하고 조성한 곳이다. 아이들이 꽃을 심거나 돌보며, 마음을 돌보고 채울 수 있는 공간이라는 의미로 '마음풀'이란 이름을 붙였다.

학교 내 빈 교실에 조성된 마음풀은 '학생들이 언제든지 찾아가 마음을 풀 수 있는 공간, 풀이 자라나는 공간, 마음을 충전(full)할 수 있는 공간'이라는 구체적인 의미를 담고 있다.

청소년 문제해결 디자인. 전일중학교 '마음풀'(사진:서울시 제공)

마음풀에는 초록색 식물들이 가득하다. 교실 한가운데에 큰 테이블을 두고, 테이블 중앙을 작은 정원 스타일로 꾸몄다. 창가는 작은 식물이 담긴 아기자기한 화분들로 장식을 한다. 주변에는 아이들이 흥미를 느낄 수 있는 바나나 나무, 겐차야자 등 다양한 식물을 두루 두어 마치 작은 식물원을 연상하게 한다.

마음풀에서는 아이들이 직접 식물을 키우는 농부도 되고, 식물을 가꾸는 정원사가 되기도 한다. 직접 씨앗도 심고 화분에 물도 주고, 식물이 자라나는 과정을 직접 눈으로 보며, 직접 기른 채소를 손수 수확해 먹을 수 있는 음식을 만들기도 한다. 때로는 마음을 돌보고 가꾸는 정원이 되기도 하고, 잠시 쉬면서 친구들과 대화를 나눌 수 있는 즐거운 카페가 되기도 한다. 눈으로 손으로 흙과 씨앗·식물을 직접 보고 만질 수 있는 마음풀에서 시간을 보내며, 스마트폰을 손에서 놓지 못하는 아이들은 자연과 함께하는 시간을 누리고 즐기게 되었다.

마음풀을 경험한 아이들은 마음풀에서 친구와 수다도 떨고, 겨울에는 화분에 그림도 그려보고, 직접 이름을 붙인 식물에 물도 주고, 또 말도 걸면서 스트레스가 풀려 너무나 좋다고 했다. 그리고 야외 활동을 할 때만 느낄 수 있었던 풀 냄새나 나무 냄새 같은 것들도 직접 느낄 수 있어 작은 숲속에 들어와 있는 느낌을 받았다는 아이도 있었다. 담당 선생님의 이야기를 들어보면 마음풀이 생긴 후에, 식물에 직접 물을 주기 위해 등교를 일찍 하는 아이까지 생길 정도라고 한다.

이처럼 마음풀에서 숨어 있던 오감을 깨우고, 감성을 깨우는 일련의 과정들은 아이들의 뇌 발달에도 분명 좋은 영향을 줄 것으로 생각된다. 식물을 돌보면서, 아이들에게 내재된 분노와 공격성도 자연스럽게 누그러들고, 친구들과 함께하는 활동으로 친밀감과 안정감도 늘어갈 것이다. 원예 활동 자체가 다양한 긍정적인 효과가 있다는 것은 나 역

청소년 문제해결 디자인. 정의여고 '마음풀'(좌)과 동의여고 '마음풀'(우) (사진:서울시 제공)

시 체험과 경험으로 깊이 느끼고 있다.

　이화여대 학교폭력예방연구소는 실제로 마음풀을 통해 평소 학교 적응에 어려움을 겪던 많은 학생들이 교우 관계도 좋아지고, 정서적으로 안정되며 자존감까지 향상되었다며 마음풀의 효과를 발표하기도 했다.

　마음풀은 미국 뉴욕시 브롱크스 지역에서 먼저 시작됐다. 평소 마약과 폭력에 찌들어 있는 가난한 슬럼가의 학생들에게 원예를 할 수 있는 공간을 내어주고 직접 꽃과 채소를 키우게 했더니 학교 폭력이 줄어들었고, 이전까지는 17%에 불과했던 졸업률이 거의 100% 가까이 됐다고 한다. 이처럼 녹지가 학교 안으로 들어오도록 하고 녹지를 일상에서 자주 만날 수 있도록 하면 아이들이 겪는 긍정적인 효과는 어마어마하다.

## 에코스쿨 만들기

에코스쿨 조성 사업은 학교나 학교 주변 공간에 학생들 스스로 식물을 가꿀 수 있는 시설을 구축하는 사업이다. 서울시의 경우 2015년 기준으로 39개교가 에코스쿨로 선정됐고, 지속적으로 확대되어 가고 있다.

에코스쿨의 기본은 아이들이 자연을 즐길 수 있어야 한다는 것이다. 학교 건물의 각 층에서 외부 공간과 접할 수 있어야 하고 거기에 자연이 있으면 금상첨화다. 새로 짓는 학교라면 계단식 정원이나 테라스의 형태도 적극 고려했으면 한다. 모든 층에서 아이들이 외부의 정원을 바로 접할 수 있도록 말이다. 지금도 불가능한 것은 아니다. 예전에는 학교에 엘리베이터가 없어서 누구나 접근하기 쉽도록 교무실과 행정실, 교장실을 1층에 두었는데 이런 장소를 위층으로 올리고 1층을 아이들에게 양보했으면 한다. 2층이나 3층에는 빈 교실을 활용해서 녹지 공간을 만들고, 4층은 옥상을 개방해서 사용하도록 하면 된다.

옛날에는 학교 건물이 대부분 ―자형이었지만 요즘은 ㄱ자형, H자

서진학교의 중정(건축설계:코어건축사사무소 유종수·김빈, 사진:이택수)

형, ㄷ자형, ㅁ자형 등으로 건물을 배치하거나 一자형 건물 주변에 증축하면서 중간에 중정이 발생하는 경우가 있다. 서진학교처럼 건물로 둘러싸이는 경우, 동화고처럼 3개 건물로 둘러싸인 경우 2개 건물 사이에 발생하는 중정이 있다.

　중정은 건물과 건물을 이동할 때, 점심시간처럼 여유 있는 시간, 방과 후에 시간이 있을 때 정원처럼 이용할 수 있는 공간으로 만든다. 이런 공간은 그늘이 발생하기 때문에 시원하고, 봄·여름·가을까지 휴식하기에 좋은 장소가 된다. 건물 내의 모든 층에서 내려다보이는 곳이기 때문에 정원으로 조성해서 보는 것만으로도 힐링이 되는 공간이 되면 좋다. 이곳에 예쁜 테이블과 벤치가 있는 녹지 공간을 만들 수 있다.

ㅁ자 구조로 형성된 중정은 학생들이 안전하게 야외 활동을 하는 장소로 이용된다. 중정에 놓인 벤치 등의 구조물은 높낮이를 달리해 제각각인 학생들의 성장 정도를 반영했다. 중정에 면한 복도의 창문 전체를 유리로 처리해서 정원이 옆에 있는 것처럼 보인다. 정원 쪽으로 복도를 배치한다면 복도에 나와 밖을 보는 것만으로도 힐링이 될 것이다.

## 아이들을 위한 옥상

나는 다시 옥상을 아이들에게 돌려주고 싶다. 물론 학교 옥상을 현재의 상태로 오픈하는 것에는 반대다. 아이들을 위해 옥상에 어떤 장치를 해야 할까? 아이들이 옥상에서 담배를 몰래 피우는 것이 걱정되면 CCTV를 달면 되고, 옥상에서 놀다가 떨어질 것이 걱정되면 위험을 차단하는 펜스를 적절히 설치하면 된다. 평소 교실에 갇힌 아이들에겐 유일하게 하늘을 자유롭게 볼 수 있는 곳이 옥상이다. 하늘을 보는 즐거움을 아이들이 느끼는 것을 생각해보라.

《공간이 아이를 바꾼다》에서도 소개한 바 있는 한국도예고등학교의

한국도예고등학교의 옥상정원과 학생들의 도예작품 전시

옥상 정원은 학교 공간을 바꾸면서 내게 많은 영감을 준 사례다. 책을
내고 나서 경기도 교육연수원에서 강의를 할 때의 일이다. 한국도예
고등학교의 옥상 정원 사례를 언급하면서 '옥상 정원은 사용하고 있
을까? 관리는 어떻게 하고 있을까?' 궁금하다고 말했다. 그때 교육을
받고 있던 한국도예고등학교 교장 선생님이 잘 사용하고 있다고 답을
주셨다. 1년에 30회 이상 사용하고 있다고 사진까지 보내주셨다. 그
교장 선생님은 옥상 정원을 만들 당시 공간 조성에 참여했다. 여전히
학교 폭력은 없다고도 했다. 꽃, 나무, 휴식, 모임이 있는 이 공간에서

아이들이 잘 생활하고 있는 모습이 오래도록 기억에 남는다.

학교에는 한때 중앙 현관 및 각층 로비에 실내 조경을 많이 도입했었다. 물론 지금은 관리가 안 되어서 대부분 무용지물이다. 실내는 인력과 비용이 더 많이 투입되어야 한다. 학교의 방향을 정하는 데 중요한 역할은 교장 선생님인데 때로는 교장 선생님의 취향에 따라 실내조경이 달라지기도 한다. 만약 교장 선생님이 식물에 관심이 있으면 실내로 끌어들이기도 하고 외부에 다양한 수종을 식재하기도 한다. 그런데 후임 교장 선생님이 그런 것에 관심이 없으면 실내 조경은 없어지게 된다.

결국, 교장 선생님이 주축이 되어 학교 조경에 신경을 기울이는 것이 장기적으로 아이들을 위한 좋은 학교 만들기의 기본이 될 것이라 생각한다.

요즘의 아이들은 태어나면서부터 디지털 세대다. 스마트폰, 컴퓨터를 포함해 다양한 디지털 매체에 노출되어 있다. 밥을 먹을 때도, 쉬거나 누워있을 때도 쉴 새 없이 스마트폰을 들여다볼 만큼 디지털에 중독된 세대라고 해도 과언이 아니다. 과학기술정보통신부의 '2019년 스마트폰 실태조사'에 따르면 스마트폰을 사용하는 사람 중 30.2%가 '과의존 고위험군'으로 구분되며 전년도에 비해 0.9% 증가한 것으로 나타났다. 과의존 고위험군이란 대인 관계와 일상생활에 크게 영향을 줄 만큼 스마트폰에 대한 통제력을 상실한 사람들이다. 이것은 우리 아이들도 마찬가지다. 디지털 세상에 끌려다니지 않으려면, 이에 대한 예방책을 어른들이 마련해주어야 한다. 그 해결책이 바로 교육 공간의 녹지 조성인 것이다.

20세기 최고의 건축가 루이스 칸은 학교를 설계하면서 교실 창문을 자연 방향으로 배치하고 창문 크기를 크게 만들어 학생들이 평소에 자연을 잘 볼 수 있도록 설계했다. 그런데 아이들이 창문 때문에 공부에 지장을 받는다고 생각한 교장 선생님은 루이스 칸에게 창문을 없애달라고 요청했다. 이에 루이스 칸은 이런 우문현답을 했다. "이 학교에 자연보다 더 주목받을 만큼 대단한 선생님이 계신가요?" 루이스 칸은 건물 설계를 할 때마다 늘 '건물이 무엇이 되기를 원하는가'에 대해 끊임없는 질문과 자기 대답을 반복했다고 한다. 아마도 그는 아이들에게 학교 건물을 통해 자연을 자연스럽게 보여주고, 배우게끔 하고 싶다는 건물의 외침을 들은 것이 아닐까.

책으로 가르치는 것만이 교육이 아니다. 자연보다 더 훌륭한 선생님은 없다.

# 도서관에 빈백이 있어야 하는 이유

●         아들에게 고등학교 시절에 학교에서 가장 좋았던 공간이 어디냐고 물으니 도서관이라고 대답했다. 아이가 다니는 학교의 도서관을 처음 봤을 때는 내가 어린 시절 다니던 학교 도서관과 별 차이가 없었다. 짙은 나무색 책장과 오래된 책으로 가득 차 있어서 굉장히 답답했다. 안타까운 마음에 당시 코엑스에서 열렸던 공공 디자인 엑스포가 끝나고 버려지는 조형 식물, 크고 길쭉한 테이블과 벤치를 가져와 아이네 학교 도서관의 중앙을 꾸며주었다. 그것만으로도 무척 좋았다고 한다. 도서관이 학교의 다른 공간과는 다르게 분위기가 특별해졌다는 것이다.

그 후 나는 학교 도서관을 아이들이 늘 찾는 공간으로 만들어주고 싶었다. 행복한 학교 만들기 사업을 하면서 도서관 꾸미기는 내 인생의 또 다른 시작이 되었다.


## 도서관을 카페처럼?

사람들은 왜 카페에서 공부할까? 요즘 카페에 가면 공부하는 학생들로 붐빈다. 심지어 초등학생도 스타벅스에서 공부하는 것이 유행이라고 한다. 내가 사는 동네의 사거리에 위치한 건물의 3층에는 구립 도서관이 있고 1층에 카페가 있다. 도서관은 무료로 이용이 가능하고, 카페는 커피 값을 지불해야 하는데도 카페가 훨씬 붐빈다. 생각해보면 바로 이해가 가지 않는 모습이다.

그러나 집이 아니면서 먹거리와 적당한 백색 소음, 인터넷 지원 등 각종 편의시설이 있으면서도 누구의 방해도 받지 않는 다양한 이점이 존재해서일까. 실제로 학생들을 인터뷰해보니, 도서관을 스타벅스처럼 꾸며달라고 했다. 이것이 바로 포인트였다. 요즘은 개인이 운영하는 독서실도 예전처럼 폐쇄적인 밀실 형태가 아닌, 개방형 스터디카페 형태로 변화하고 있다. 누구나 쉽고 편하게 찾아오고 즐길 수 있는 도서관이 바로 학생들이 원하는 도서관이다.

학교에서 도서관은 누구나 언제나 갈 수 있는 곳이다. 책도 자유롭게 읽을 수 있다. 하지만 아이들이 도서관을 쉽게 가지 않는 이유가 있다. 우선 위치도 한 몫을 한다고 본다. 대부분의 학교 도서관은 학교에서 가장 외진 곳에 있거나 가장 높은 곳에 있거나 가장 어두운 곳에 있기 때문이다.

학생들이 등교할 때나 하교할 때, 쉬는 시간에 가장 쉽게 접근할 수 있는 곳에 도서관이 있다면 아마 이야기는 달라질 것이다. 가끔 학교의 중앙 현관에 도서관이 있는 학교를 접하게 되면 그 학교의 교장 선생님을 다시 보게 된다. 그런 결정은 쉽지 않기 때문이다. 학생들을 우선으로 생각하는 교장 선생님의 따뜻한 마음이 느껴진다.


## 도서관에 꼭 책이 많아야 할까?


최근에는 학교의 수업 공간을 아이들이 놀이를 할 수 있는 공간으로도 접근하고 있다. 하지만 놀이 중심의 의미는 유·초·중·고에서 각각 다르다. 교육 과정에 있어서 유치원은 놀이 중심이 100%에 가깝고, 초등학교는 80%, 중학교는 50%, 고등학교는 20% 정도로 규정할 수 있다. 학교는 교육적 경험을 주는 공간으로 설계해야 하고, 교육 과정을 이해하고 만들어야 한다.

그렇기 때문에 학교 도서관도 초등학교는 놀이 중심의 어린이 도서

책장 사이에 공간적인 여유를 준 강동중학교의 도서관(디자인 디렉터:공유건축 송상환)

관으로 만드는 것이 필요하다. 중학교는 진학을 위한 스트레스를 완화하면서 학습을 경험할 수 있어야 하므로, 놀이 위주의 공간 설계를 50% 정도로 해주는 것이 좋다. 고등학교의 도서관은 교육 위주로 구성되어야 하고, 놀이 중심은 20% 정도로 구성하면 좋다.

그런데 이런 다양한 기능을 충족시키기에 한국의 학교 도서관에 할당된 공간은 너무 작다. 수백 명의 전교생이 사용하는 공간인데 책이 꽂힌 서가와 수업 공간을 함께 마련하기에는 공간이 너무 좁다. 아이들이 들어가서 책을 편하게 고르거나 보기에도 힘든 구조다.

카페처럼 다양한 앉을 공간을 마련한 강동중학교의 도서관(디자인 디렉터:공유건축 송상환)

2년 전쯤 신설 학교의 도면을 검토한 적이 있다. 초·중 병설학교였는데 도서관을 보니 크기가 너무 작았다. 심지어 한 장소에서 초·중학교가 모두 사용하도록 설계되어 있었다. 도서관에서 진행하는 독서수업도 고려한 설계인지가 참으로 궁금했다. 이런 상황에서 마치 카페처럼 아이들에게 다양한 편의를 제공하기 위해서는 우선 책을 줄여야 했다.

도서관에 꼭 책이 많아야 할까? 도서관 리모델링을 하면서 학교 측으로부터 가장 많이 듣는 말이 책을 많이 넣어달라는 요청이다. 책이 많다고 아이들이 책을 많이 읽을까? 꼭 그렇지는 않다고 본다. 학교 도서관에 책이 많다는 것을 자랑으로 생각하는 교직원들도 있다. 물론 학교 도서관에 구비된 양서는 많을수록 좋을 수 있다. 하지만 책이 얼마나 많이 있느냐보다 아이들이 얼마나 책을 많이 읽느냐가 더 중요한 게 아닐까.

책 때문에 도서관의 공간이 답답하다면, 아이들이 그런 답답한 도서관에서 책을 읽고 싶은 마음이 들까? 공간은 사용자의 필요와 요구에 따라 변화해야 한다. 그래서 아이들이 원하는 도서관을 위해 모든 도서관에서 장서량을 줄이고 반은 카페처럼 만들었다. 한쪽에 별도로 서고를 만들어 수장고처럼 쓸 수 있도록 하고, 자주 찾지 않는 책을 보관하는 방식으로 책을 순환하면서 전시할 수 있도록 했다. 물론 너무 오래되고 잘 보지 않는 책은 버리기로 했다.

보통 도서관 책장도 사무적이고 딱딱하다. 그런데 초등학교 도서관의 책은 알록달록하기 때문에 흰색 책장을 쓰는 것이 좋다. 일반적으로 초등학생들이 알록달록한 색을 좋아한다고 생각해서 핑크색, 노랑색, 연두색, 파랑색 등의 가구를 쓰는데 이런 색은 책의 표지에 사용된 원색과 다양한 색 때문에 내부 디자인에 더욱 혼란만 가중하게 된다.

책이 꽂혀 있는 서가에도 책장과 책장 사이에 잠깐 앉아서 책을 볼 수 있는 공간을 두어야 한다. 벤치를 두어도 좋고 간단한 테이블을 함께 두는 것도 좋다. 넓은 면적을 차지하지 않도록 하기 위해 책장의 폭에 맞추어서 디자인하면 된다.

아이들의 정서나 발달단계 이론에 따르면 아이들은 구석진 곳이나 다락방을 좋아하는 심리를 가지고 있다고 한다. 전체적으로 넓고 개방된 공간 안에 개인적인 동굴형 공간이 있어야 한다고 공간 이론에서는 말한다. 교육공간 이론에서도 넓은 공간 안에 자기만의 공간이 생기는 것을 좋아한다고 한다.

그렇다면 도서관에서 아이들이 원하는 공간이란 무엇일까? 편안한 공간, 다락방, 계단, 누워서 책을 볼 수 있는 곳 등이다. 어른들은 책은 앉아서 보아야 한다는 고정된 시각을 가지고 있다. 왜 책을 꼭 책상에 앉아서만 보아야 하는가?

아이들은 도서관에서 책도 보고, 머리도 식히고, 휴식하기를 원한다. 하지만 어른들은 책읽기를 원한다. 도서관에서 꼭 책을 읽어야만 한다는 고정관념을 버리면 책을 읽다가 잠시 휴식을 할 수도 있고, 훨씬 편안하고 좋은 시간을 보낼 수도 있다. 독서하는 행위 자체가 힐링이 되는 것이다.

## 아이들을 만족시키는 다양한 도서관의 모습

한산중학교 도서관에는 독특한 공간이 여러 개 있다. 집처럼 생긴 공간을 두어 들어앉아서 책을 읽게 하고, 벽 쪽에 2층 침대처럼 생긴 다락방을 두어 누워서도 책을 볼 수 있도록 했다.

상일여고는 도서관 옆의 칸막이 있는 공부방으로 사용하던 학습실을 카페같이 자유롭게 공부할 수 있는 개방된 분위기로 만들었다. 혼자서 책을 읽는 사람, 둘이 같이 읽는 사람, 여럿이 토론하는 사람 등 다양한 사용자를 위한 공간이 필요하다. 그래서 소그룹으로 나누어 이야기도 하고 책도 볼 수 있는 공간으로 만들었다. 독서실은 벽만 보고 혼자 공부해야 한다. 하지만 이곳에서는 소통이 일어난다. 혼자 생각하면 오류를 범하게 된다. 누군가와 이야기를 나누면 각자의 생각은 명쾌해지고, 어떤 때는 새로운 아이디어도 생각난다.

'하브루타'의 방식이 상일여고에도 적용된 셈이다. 하브루타란 유대교 경전인 탈무드를 공부할 때 사용하는 방법으로, 서로 논쟁을 통해 진리를 찾는 것을 의미한다. 유대인들만의 독특한 교육법인 하브루타는 이스라엘의 모든 교육 과정에 적용된다. 공부법이라기보다 토론 놀이라고 봐도 좋을 것 같다.

명일여고의 독서실은 원래 식당 옆에 있었다. 과연 식당 옆 독서실에서 공부가 제대로 될까? 독서실에 들어가 보니 답답한 독서실 책상이 수십 개나 있었다. 그런데 그 공간을 이용하는 학생은 평균 9명이었다.

빈백이 마련된 한산중학교의 도서관(디자인 디렉터:단아건축 조민석, 사진:노경)

　그래서 9명을 위한 공간은 그대로 두고 나머지는 개방형으로 바꾸는 작업을 시작했다. 학생들의 니즈에 대응하는 공간으로 디자인하는 작업을 시작한 것이다. 교장 선생님은 학생들과는 조금 다른 생각을 하고 있었다. 그래서 독서실 형태의 공간을 절반 이상 유지하고, 나머지를 개방형 공간으로 조성했다.

　한영중의 도서관은 채광과 통풍이 안 되어 숨 막히는 공간이었다. 도서관 입구에 사무 공간까지 있어서, 남쪽에서 들어오는 햇빛마저도 차단하고 있었다. 도서관의 사무 공간을 다른 쪽으로 이동시킨 후, 아

채광과 통풍을 해결한 한영중학교의 도서관(디자인 디렉터:지오아키텍처 이주영)

이들에게 햇빛과 바람을 선물했다.

도서관 디자인에서 공통적으로 적용한 것이 있다면 창문이 있는 곳에 외부 경관을 보면서 책을 볼 수 있도록 바 형태의 독서 공간을 둔 것이다. 때로는 서서 책을 볼 수도 있도록 했다. 이런 공간을 통해 아이들이 스스로 도서관을 찾게 하고 싶었다.

그리고 아이들이 책과 좀 더 친해질 수 있도록 북 큐레이션을 재미있게 했으면 좋겠다고 생각했다. 그래서 오래된 나무색 책장에 일률적으로 큐레이션하기보다는 도서관 입구에 서점의 잡지 코너와 같은 공간을 마련했다. 때로는 비어 있는 벽을 활용해 한쪽 코너에 한 권씩 넣어 두기도 하고 책장 측면에 대표 서적을 두기도 했다.

초등학교에는 어린아이들의 특성을 잘 반영해 숨어서 책을 읽을 수 있는 공간을 많이 만들었다. 계단 하부에 책장을 두어 언제나 책을 가까이 할 수 있게끔 했다.


## 외로운 아이들이 도서관을 찾는다


앞서 말했지만 도서관은 단순히 책을 읽거나 공부하는 공간 그 이상의 공간이 되어야 한다. 요즘은 학교 도서관 사서가 아이들을 상담하는 역할도 한다. 아이들과 개별적인 상담을 하기 위해서는 상담 공간도 필요해졌다. 실제로 학교 도서관을 자주 찾는 아이들 중에는 친구들이 가득한 교실이나 운동장에 쉽게 끼기 어려운 아이들도 많았다. 아이들에게는 놀이 공간, 공부 공간도 필요하지만 위로받을 공간도 필요하다.

도서관 선생님, 사서 교사는 대출 업무만 책임지는 행정직원이라기보다 더 큰 역할을 할 수 있어야 한다. 아이들이 인사할 때 한마디라도 따뜻하게 해줄 수 있고, 어떤 학생도 차별하지 않고 반겨주며, 우정을 도모하고 휴식을 취할 수 있도록 모두 배려해주고 응원해줄 수 있어야 한다. 도서관 공간도 마찬가지다.

2007년 학교도서관진흥법을 제정한 후 우리나라의 학교 도서관 설치율은 90%가 넘는다. 다행이라는 생각이 든다. 이제는 도서관의 형태와 디자인만 아이들에게 적합하게 할 수 있다면 도서관은 이전과는 다른 즐겁고 행복한 천국과도 같은 곳이 될 수도 있을 것이다.

영화 〈죽은 시인의 사회〉에서는 선생님이 학생들에게 책상 위에 올라서서 세상과 사물을 보라고 하는 유명한 장면이 있다. 이는 지금까지와는 다른 관점으로 사물을 보라는 의미다. 공간적으로 높이의 차이가 아이들에게 큰 영향을 준다는 것을 그 선생님은 이미 알고 있던 것이다. 도서관을 높낮이가 다른 계단식으로 구성하고, 아이들이 자유롭게 앉아서 수업도 할 수 있고, 토론도 할 수 있는 공간으로 꾸며주어야 하는 이유다.

# 아이들은 도서관에서도 눕고, 뒹굴고 싶다

아이들은 왜 빈백을 좋아할까? 아이들은 늘 부드러운 소파에 눕고 싶고, 뒹굴고 싶고, 마음 편안히 있고 싶어 한다. 물론 집에서는 가능하다. 그런데 학교에는 누울 수 있는 공간이 없다.

빈백은 자기의 신체에 따라 누울 수도 있고 앉을 수도 있고, 가구를 고정시키지 않고 옮길 수도 있고, 모든 것이 가능한 유연하고 다목적인 가구이자 소품이다. 특히 가벼워서 좋다. 소파가 6개 있으면 쉽게 이동을 못 시키는데, 빈백이 6개 있으면 자유롭게 위치를 바꿀 수 있다. 편안하고, 쉽게 이동시킬 수 있기 때문에 아이들이 엄청 좋아한다. 어떤 선생님은 집에서도 빈백에 앉는다고 한다.

지금까지 학교 도서관을 디자인하러 다니며 만난 아이들은 모두 빈백을 원했다. 물론 빈백 이외에 편안한 가구가 어떤 것인지를 잘 몰라서 그런 것일 수도 있다. 자기가 경험하지 못한 가구에 대한 이야기를 할 수는 없다. 그러다 보니 기존의 책상 이외에 아이들은 편한 가구라고 하면, 흔히 집에 있는 소파나 빈백을 떠올린다. 만약 자기 집에 빈백이 없어도, 지역 도서관이나 놀이 공간에서 빈백을 본 적이 있는 아이들은 늘 빈백을 떠올린다. 인간이 가지고 있는 유한한 사고 속에서도 빈백이 매번 등장하는 것이다.

푹신한 가구와 쿠션 등으로 장식한 교실을 사용하는 학생들이 토론

문화에 더 빠르게 적응한다는 연구 결과가 있다. 아마도 정서적인 안정감 때문에 소통을 편하게 여기는 것 아닐까? 이 점에 착안해 도서관에 설치한 계단에 오랫동안 편하게 앉아 있을 수 있도록 쿠션을 두었다. 초등학교에서는 도서관 바닥에도 난방을 설치해서, 겨울철에도 춥지 않게 이용할 수 있도록 했다.

천호중 도서관은 소외된 아이들의 쉼터가 되기도 한다. 이 아이들에게 도서관은 책을 읽는 공간이라기보다는 쉬러 오는 힐링 공간이다. 나는 아이들이 도서관에 있을 때 마치 자기 집 거실에서 책을 읽는 것처럼 편하고 안락한 느낌을 받도록 하고 싶었다.

그래서 도서관에 빈백을 설치했는데, 너무 많은 사람이 사용해서 그런지 빈백이 터지는 일이 발생했다. 이 일로 전교생이 모여 도서관, 특히 빈백의 사용 규칙을 정했다고 한다. 빈백을 사용할 때는 사전에 시간제와 예약제로 하기로 했다. 누가 시킨 것도 아닌데, 학생들이 자발적으로 도서관에 주인의식을 갖고 참여한 것이다.

도서관에서 책을 대출하고 반납하는 데스크에 있는 사인물도 재미있게 만들었다. 대출, 반납과 같은 딱딱한 단어보다는 'BOOK RETURN'등을 예쁜 서체로 제작해 팻말로 붙였다. 공간의 이름을 짓거나 계단에 글귀나 시를 써놓는 것도 공간의 분위기를 바꿀 수 있는 좋은 방법이다. 책장의 측면과 도서관 곳곳에도 예쁜 서체로 안내 글

작지만 힐링되는 천호중학교의 도서관 풍경(디자인 디렉터:공유건축 송상환)

귀를 설치했다.

　조명도 중요하다. 독서를 할 때나 책을 찾을 때 쓰는 필수 조명뿐 아니라 도서관의 분위기를 밝게 하는 장식용 조명도 곳곳에 달아 분위기를 변화시켰다.

　도서관의 입구는 복도를 지나가다가도 문득 시선을 끌 수 있도록 디자인했다. 도서관을 발견하면 나도 모르게 들어가고 싶은 느낌을 연출한 것이다. 도서관의 이름이나 도서관 내부 공간에 특별한 이름

지나가다 들르고 싶게 만든 천호중학교의 도서관 입구(디자인 디렉터:공유건축 송상환)

을 붙이는 것도 좋은 방법이다.

연령대별로 추천하는 도서관 구성은 초등학교는 책과 함께 노는 놀이터로, 중학교는 다양한 사고를 위한 복층 구조로, 고등학교는 복합문화공간의 기능을 할 수 있게끔 하는 것이 중요하다.

# 창의적인 생각을 만드는 복도와 로비

● 　　　　학교의 교문에 들어서서 교실까지 가는 동안 거쳐야 하는 필수 생활공간이 있다. 학교 건물로 들어서서 현관, 로비, 계단, 복도 등을 통과하지 않고서는 학습 공간인 교실에 도착할 수 없다. 도시에서 공간을 연결해주는 도로, 철도, 광장, 골목길 등이 사회기반시설 역할을 해주는 것처럼 현관, 로비, 계단, 복도가 학교에서 그런 곳이다.

### 현관: 소통력, 공간에 따라 뇌가 다르게 반응할 수 있다

'중앙현관 학생 절대 출입금지'.

마곡하늬중학교의 도서관과 연결된 커뮤니티 광장
(건축설계:금성건축 김용미·서로건축 김정임)

'문화로 행복한 학교 만들기 사업'을 위해 2008년 처음 방문한 학교
의 중앙현관 입구에 붙어 있는 글귀였다. 그것도 빨간색으로. 어째서
학생은 중앙현관으로 다니면 안 된다는 것인지 이해가 가지 않았다.
물론 지금은 이런 학교가 없을 것이라고 생각한다.

학교 건물 내부로 들어왔을 때 가장 처음 만나는 공간이 현관이다. 학교 건물에는 보통 중앙, 좌측, 우측에 출입구를 두는데 그중 가장 넓은 곳이 중앙이다. 중앙현관에는 로비 공간을 두어 학교가 지향하는 목표, 학교를 대표하는 요소, 학교의 자랑거리를 전시하기도 한다. 학교에 다니는 학생이나 학교를 찾아오는 손님들에게 학교를 소개하고, 학교의 얼굴이라고 생각해서였을 것이다. 그러나 이것이 나의 눈에는 전시행정이나 다름없어 보였다. 2019년에 방문했던 학교 중에서 중앙현관에 역대 교장 선생님들의 사진이 붙여져 있어서 놀란 적이 있다. 이 학교 아이들의 활동이라면 몰라도 교장 선생님의 얼굴이 왜 여기에 있어야 할까.

한때 중앙현관에 실내 조경을 조성하는 것이 유행인 적이 있었다. 심지어 어항이나 수족관을 설치한 학교도 있었다. 정서적으로 좋다는 것은 알지만 과연 유지가 될까? 유지가 된다면 얼마나 많은 노력을 들여야 할까? 학교 공간을 개선하면서 가장 많이 개선된 곳이 실내 조경이 있었던 공간이다. 학교는 여름과 겨울에 긴 방학이 있고 중간에 짧지만 봄방학도 있어서 식물이나 어항과 같은 관리가 필요한 시설은 얼마 가지 않아 무용지물이 되는 곳이 많다.

학교 조경은 중요하고 아이들의 정서를 위해 꼭 필요하지만 그 위치는 고민이 필요하다. 중앙현관에 설치했을 때는 온도 조절이 어려워 여름과 겨울에 온도 차로 인하여 관리에 어려움이 많기 때문이다.

그러다 보니 식물은 시들게 되고 얼마 되지 않아 실내 조경이 조성된 공간은 방치되어 등교하는 아이들의 인상을 찌푸리게 만들기도 한다.

강명초등학교에도 이런 공간이 있었는데 아이들이 집에 가다가 놀 수 있고, 쉬는 시간에 쉴 수 있는 공간으로 활용할 수 있기를 원했다. 아이들은 오르락내리락하면서 놀 수 있는 다락방과 같은 공간을 조성해달라고 요청했다. 놀 수 있는 공간이 생긴 후 쉬는 시간에 우르르 나와 이곳에서 놀면서 아이들은 즐거워했다. 쉬는 시간이 고작 10분임에도 불구하고 나와서 논다.

한산초등학교에는 중앙현관이라고 부르기에도 옹색한 중앙현관이 있었다. 그 좁은 공간의 양쪽 벽면에 상패가 전시된 학교의 역사 공간이었다. 앉을 수 있는 공간도 없다 보니 아이들이 오지도 않고 전시된 상패도 무용지물이었다. 후에 이곳은 아이들이 모이고 쉴 수 있는 공간으로 만들어졌다.

좋은 공간이 환경에 미치는 영향을 분석한 결과에 따르면 학교에서의 학습 능력은 10% 이상 증가하고, 직장에서의 생산력은 20% 이상 증가하며, 병원에서의 회복 속도는 27% 증가하고, 범죄 발생률은 67% 이상 감소한다고 한다. 무조건 지나다닐 수밖에 없는 현관에 더 신경 써야 하는 이유다.

# 로비:
## 상상력, 틀을 깬 공간에서 틀을 깬 사고를 한다

선사고등학교에는 두 개의 건물을 연결하는 통로에 홈베이스라는 넓은 공간이 있었다. 홈베이스는 중·고등학교의 '교과교실제 학교 등에서 학교생활의 거점으로서 마련되는 사물함이 있는 공간'을 말한다. 이유는 모르겠지만 선사고등학교의 홈베이스는 본래의 기능을 상실하고 아이들의 휴식 공간으로 사용되고 있었다.

2층, 3층, 4층의 로비로 사용되던 홈베이스는 어두운 조명, 칙칙한 그림, 몇 개의 벤치가 고작이었는데 그마저도 낡아서 아이들의 모습은 찾아보기 어려웠다. 휴식 공간으로 사용하던 삭막하고 칙칙한 '홈베이스'를 문화 공간으로 새롭게 탈바꿈시키기로 했다. 2층은 1학년이, 3층은 2학년이, 4층은 3학년이 사용하고 있어서 학년별 특성에 맞게 층별 테마가 있는 공간으로 만들기로 했다. 그 결과 2층에는 '놀자(놀이)', 3층에는 '갤러리(문화)', 4층에는 '날리지(학습)'의 휴식 공간이 탄생하게 되었다.

2층 놀이 공간은 공간적 재미를 주고 맨발로도 올라갈 수 있는 계단형 공간에서 휴식, 교류, 소통, 모임 등 다양한 놀이 활동을 유발할 수 있도록 만들었고, 활동을 유발하는 노란색을 주조색으로 적용했다. 벽

놀이공간이 된 선사고등학교의 2층 홈베이스
(디자인 디렉터:공유건축 송상환)

면에는 자작나무로 만든 세계지도와 대표 시간, 여행 가는 이미지의
픽토그램을 부착했다. 세상은 넓고 할 일도 많으니 아이들이 생각을
넓히기를 바라는 마음을 담았다.

문화공간이 된 선사고등학교의 3층 홈베이스
(디자인 디렉터·공유건축 송상환)

3층 문화 공간은 무대 공간을 두어 피아노를 치면서 음악을 즐길 수 있고 작품 전시가 가능한 공간으로 만들었고, 영감과 축제를 상징하는 주황색을 주조색으로 했다. 전시하는 작품이 없어도 벽면 자체가

학습공간이 된 선사고등학교의 **4층 홈베이스**(디자인 디렉터:공유건축 송상환)

작품이 될 수 있도록 전시 공간의 크기와 위치를 랜덤하게 디자인했고 감성적인 문구를 새겨 넣어 응원할 수 있도록 했다.

4층 학습 공간에는 3학년 입시 준비와 연계해서 활용할 수 있도록 개인 공간과 토론 공간으로도 만들었다. 수시에 대비한 면접도 연습하고, 자기소개서도 작성할 수 있는 공간으로 말이다. 대학별 입시요강이 널브러져 있던 곳을 가지런히 꽂을 수 있는 공간으로 만들어달라는 요청을 담기도 했다. 또한 아이들이 잠깐이라도 쉴 수 있도록 평상을 두어 마음의 여유를 담았다.

아이들은 학년별로 자기 층을 잘 이용하고 있었다. 3학년이 사용하는 4층의 프라이빗 공간이 가장 인기가 많았다. 2층은 급식 시간에 자주 이용하는데 아이들은 세계지도를 배경으로 사진을 찍기도 하고, 3층에서는 피아노를 치거나 연주회도 하고 글귀를 보면서 '힘내야지'라고 다짐하기도 했다. 4층엔 방과 후에 공부하는 아이들도 있고 동아리 활동을 하는 아이들도 있었다. 집중할 수 있는 공간과 힐링할 수 있는 공간이 분리되어서 좋다고 한다.

인터넷에서 '책상 배치'를 검색해보면 다양한 모양을 볼 수 있지만 '회의실 책상 배치', '강의실 책상 배치', '공연장 책상 배치', '사무실 책상 배치' 등과 같이 검색어를 좁히면 각각의 통일된 배치 형태를 볼 수 있다. '회의실 책상 배치'는 예외 없이 가운데에 테이블을 두고 의자는 마주 보는 배치를 하고 있다. 소통과 교류를 목적으로 하기 때문이다. 이처럼 책상이나 의자를 어떻게 배치하느냐에 따라 소통을 가능하게 할 수도, 어렵게 할 수도 있다.

학교에서는 대부분의 교실이 칠판을 바라보는 일렬 배치로 앞만 보고 수업 받는 구조여서 쉬는 시간조차 대화가 어렵다. 선사고 홈베이스에는 아이들에게 친구들과 말하고 떠들 수 있는 공간을 주고 싶었다. 소통하려면 모일 수 있고 마주 보아야 하기 때문에 높낮이가 다른 계단형, 모여 앉을 수 있는 원형, 서로 대화할 수 있는 테이블형, 자유롭게 움직일 수 있는 1인용 등을 두었다. 여기서 수업을 한다고 해도 과목별로 층을 선택할 수 있고, 그곳에서 테이블이나 의자 배치를 조정할 수 있다.

테이블, 높낮이, 개수, 형태로 구조를 다양하게 만들면서 소통의 방식을 다양화했다. 공간의 형태를 만들 수도 있고, 심지어 누워 있을 수도 있다. 아이들은 모임으로써 교류하고 소통하고 친밀감도 생긴다. 한마디라도 더 주고받으면 말하기 훈련도 되고 말하면서 내 생각도 정리할 수 있다. 말을 많이 하게 되면 사회생활에서 필요한 대화하는 힘도 생긴다.

학교 공간은 변화가 별로 없지만 로비는 학교 안에서 새로운 것을 볼 수 있고 다양한 경험을 할 수 있게 하는 공간이다. 갈 곳이 없어 책상에만 앉아 있는 아이들을 움직이게 만드는 곳이다. 로비는 승객과 화물을 집결시키고 분산시키는 중계지 역할을 하는 허브 공항처럼 학교 공간의 허브 역할을 한다. 교실에서 나와 모이게 하고 교실로 다시 돌아가게 하는, 아이들의 숨통을 트이게 하는 허파와 같은 역할을 하는 공간이다. 힘들 때는 마음에 산소를 공급하고 아이디어가 떠오르지 않을 때는 머리에도 산소를 공급한다. '새로운 아이디어를 원할 때 틀을 깬 사고를 한다'고 하는데 틀을 깬 사고는 틀을 깬 공간에서 나온다.

선사고 디자인 디렉터를 맡은 송상환 건축사는 공사할 때 왔다 갔다 하면서 색감의 중요성을 알았다고 한다. 앉지 않고 오다가다 색을 보는 것만으로도 기분이 바뀐다는 것을 알았고, 공간이 주는 상쾌함 덕분에 산소 같은 공간이라고 한다.

〈선사고등학교 어떻게 생각해〉라는 선사고 홍보영상에도 이 공간이 등장한다. 영상에는 2층에서 아이들이 게임하면서 노는 모습, 3층에서 피아노 치고 노래하면서 즐기는 모습, 4층에서 과자를 나눠 먹으며 힐링하는 모습이 담겨 있다. 학생 브이로그 〈제비 보러 가는 날(선사고등학교)〉에서는 제비 보러 가는 영상을 찍기 위해 모이는 장소로 이 공간이 사용되기도 했다. 졸업 앨범에 담을 졸업 사진을 찍는 장소로도 선호되는 곳이란다. 아이들은 이렇게 말한다.

"이전 홈베이스는 그저 지나가는 넓은 복도에 불과했고 어쩔 수 없이 가는 공간이었는데 바뀐 홈베이스는 아이들에게 인기가 많아 지금은 빨리 나오지 않으면 자리가 없을 정도로 인기가 많아요."

"공부를 하기도 하고 다른 반 친구들과 담소를 나누기도 해요."

"1학년 아이들 중에 이 공간을 대상으로 리포트를 제출할 정도로 인기가 높아요."

디자인 TF팀에 참여한 당시 2학년생 천설화는 "이전에 사용하던 벤치에는 낙서가 있었는데 공간 개선 후에는 낙서를 본 적이 없어요", "신발 벗고 올라가라는 곳에서는 꼭 신발을 벗고 올라가요", "친구 반에 들어가서 대화하면 눈치가 보이는데 여기서는 다른 반 친구와 편하게 대화할 수 있고 대화도 많아졌어요"라고 말했다. 디자인 TF팀 참여 당시 3학년생이었던 노근영은 대학에서 교육공학을 전공하고 있는데, 당시 수능시험이 끝난 후 함께했다. 그는 "홈베이스 개선으로 학교 공간 혁신에 대한 사용자 참여를 이미 경험해 쉽게 그 과정을 이해할 수 있어 대학에서 교육과 공간이라는 수업을 받을 때 큰 도움이 됐어요"라고 말했다.

그동안 아이들에게 외면 받았던 '홈베이스'는 쉬는 시간, 수업 시간 등에도 이용되는 등 아이들의 사랑을 듬뿍 받아 북적이는 공간이 되었다. 이 공간은 이제 학교의 아이콘이 되었다.


## 복도:
## 창의력, 감각을 자극하는 디자인이 필요하다

학교의 복도는 대부분 一자형이다. 그것도 길이가 길다. 8m 길이의 교실이 10개만 이어져 있어도 80m가 된다. 아이들이 80m 길이의 一자형 복도 끝에 서면 무슨 생각을 할까. 어른들도 아파트 지하주차장에서 일직선 차도를 보면 달리고 싶고 사고로 이어지게 되는데, 아이들도 一자형 복도에서 당연히 뛰고 싶을 것이다. 달리고 싶도록 주차장을 만들어놓고 사고가 발생하면 운전자 과실로 떠넘기는데, 만들 때 길이가 긴 직선 구간을 두지 않았다면 사고가 줄었을 것이다. 마찬가지로 뛰기 좋은 복도를 만들어 놓곤 복도에서 뛰지 말라고 하고, 심지어 뛰는 아이들에게 벌을 주기까지 한다.

'문화로 행복한 학교 만들기' 사업을 하면서 접하게 된 외국의 학교는 복도에 의자와 테이블을 두고 앉아서 쉴 수 있도록 되어 있었다. 우리나라는 여름에 덥고 겨울에 추워서 북쪽에 위치하는 데다 창문 단열이 되지 않는 복도는 빨리 지나가고 싶은 공간이다. 학교 설계를 할때부터 복도를 의미 있는 공간으로 계획한 설계자는 없을 것이다. 아이들이 이동하는 동선에 방해되지 않도록 아무것도 설치하지 않았으면 좋겠다고 생각했을 것이다. 그러니 복도에 장애물이 없고 아이들은 더욱 전속력으로 뛸 수 있는 공간이 되었을 것이다.

하지만 복도는 학교 교육에서 반드시 필요한 생활공간이다. 복도는 모든 공간을 연결하기에 누구나 제약 없이 이용하는 공간이다. 이용하지 않는 순간에도 아이들에게 영향을 미치는 공간이다. 교육을 하고, 교육을 받을 공간들 사이를 이동하는 공간에서도 교육 효과가 나타날 수 있으므로 복도는 교육 공간이다.

그렇다면 복도 공간에 어떤 교육 효과가 있을까? 걸으면 심장에서 내보내는 혈류가 많아지고 뇌에 산소와 영양소가 공급되어 뇌의 활동이 활발해진다고 한다. 쉬는 시간에 교실에 있는 것보다 복도에 나와서 걷기라도 한다면 뇌의 활동에 도움이 될 것이다. 활성화된 뇌가 곧 창의력을 만들어낸다.

고일초등학교에는 ㄷ자로 배치된 3개의 건물을 하나로 연결하는

ㅁ자 복도가 있다. 1층에서 4층까지 4개의 복도는 동일한 형태와 색채로 되어 있어 건물 안에 들어가면 층수와 위치를 알아보기 어렵다. 6년 동안 사용하는 층이 바뀌어도, 반이 바뀌어도, 매번 똑같은 색깔의 벽만 보고 다니면서 아이들이 무엇을 느낄 수 있을까? 초등학교 아이들이 복도를 지나가다 문득 앉을 수 있고, 볼거리가 있는 재미있는 공간을 만들고 싶었다.

그래서 벽에 벤치를 두고 곳곳에 그림을 걸고 알록달록한 색을 칠했다. 아이들이 매일 같은 학교에 다니지만 변화를 느끼기를 바랐다. 아이들이 뛰어도 다치지 않도록 벽 쪽에 육각형, 사각형, 집 모양 등의 다양한 앉을 공간을 두었고, 층별로 테마를 두어 색과 그림으로 구분되도록 했다. 그림은 키스 해링이나 빈센트 반 고흐의 작품,《노인과 바다》,《나뭇잎 일기》,《어린 왕자》등을 테마로 한 작품을 전시했다. 허윤희 작가의《나뭇잎 일기》는 작가를 설득해서 전시를 하게 되었는데 나무마다 나뭇잎 모양이 다르다는 것을 아이들이 유심히 볼 수 있도록 했다.

선린초등학교에서는 건물 입구에서 보이는 一자형 복도를 구불구불한 디자인으로 바꾸고, 곳곳에 포켓 형태의 앉을 수 있는 공간을 두었다. 등교하는 아이들에게 활기를 주고, 정서적으로 좋은 변화를 주기를 기대했다.

중·고등학교에서는 교과교실제로 인하여 이동 수업을 하므로 복도가 중요하다. 그런데 그곳이 전부 흰색 벽이라면 다니는 동안 아무런 감흥도 주지 못할 것이다. 내가 방문했던 학교 중에는 어디에 내놓아도 손색이 없는 곳이 있었다. 그런데 한 가지 흠이 복도였다. 철저하게 교과교실제를 실시하고 있었고, 교실마다 디자인에 신경을 많이 쓴 것을 볼 수 있었다. 학교 중앙에 있는 홈베이스를 중심으로 교실까지 복도로 연결되어 있었다.

그런데 교실로 가려면 반드시 거치는 복도와 계단이 흰색으로 칠해져 있었다. 복도에는 그림 한 점이 없고 무미건조했다. 심지어 이 학교에는 갤러리도 따로 있는데, 오히려 계단이나 복도를 활용해서 갤러리처럼 조성하면 아이들이 항상 작품을 감상할 수 있을 텐데 아쉬웠다.

'머리가 하얘지다'라는 말을 들어보거나 느껴본 적이 있을 것이다. '전혀 생각이 나지 않는다'는 뜻이다. 아무런 컬러나 무늬가 없는 학교의 흰 벽을 보고 아이들이 과연 새로운 생각을 할 수 있을까? 창의력, 상상력, 관찰력 등이 과연 생길 수 있을까? 스티브 잡스는 "창의성은 단지 어떤 것을 연결하는 것이다"라고 했다. 기존에 내가 본 것, 느낀 것을 연결하면서 창의성이 만들어지는 것이다. 아무것도 없는 상태에서는 뭔가를 만들어낼 수 없다. 스티브 잡스가 이미 존재하는 전화에서 아이폰을 만들어낸 것은 기존의 기술과 사람들의 니즈를 연결했기에 가능했다. 학교 복도의 흰 벽은 창의성과는 거리가 멀었다.

요즘 지자체에서도 회색으로 된 청사의 복도에 작가의 그림을 빌려와 전시하는 공간으로 만드는 사례들이 소개되고 있다. 나는 아이디어를 가끔 전혀 다른 분야에서 얻을 때가 많다. 미술관에 가는 것도 그 때문이다. 미술관의 작품을 통해 감동을 받고, 예술가의 감각을 통해 세상을 보는 색다른 눈을 갖게 된다.

무미건조한 복도에 그림을 전시하면 아이들이 세상을 보는 다른 시각을 갖는 데 도움이 될 것이다. 그림이 꼭 명화여야 하는 것은 아니다. 동양화, 서양화, 추상화, 산수화, 정물화, 인물화 등 세상에는 정말 다양한 그림이 있다. 내가 좋아하는 그림이 아니라 아이들의 눈높이에 맞는 그림을 다양하게 접할 수 있도록 해야 한다. 꼭 그림이 아니어도 된다. 과학교실과 연결된 복도라면 과학과 관련된 인물, 공식, 그림, 사진, 도구 등이나 영상을 활용한 전시도 좋을 것이다.

또 복도와 교실 사이의 벽에 카페 같은 작은 집도 만들 수 있다. 쌈지 형태의 아지트 공간을 두어 어린아이들이 좋아하는 공간을 둘 수 있다. 그 모양을 집 모양으로 할 수도 있고 아치 모양으로 할 수도 있는데 아이들은 이런 공간을 좋아한다. 내부를 계단형으로 만든다면 높이가 달라지기 때문에 다양한 활동이 가능하다. 책도 읽고 놀이도 가능한 공간이 된다.

남양주의 동화고등학교와 서울의 서진학교는 중정을 둘러싼 복도의 벽을 투명하게 만들어 공간을 연장하는 효과를 보았다. 하늘도 볼 수 있는, 공간의 틀을 깬 학교다. 아니 틀에 박힌 생각을 깨는 학교다.

복도의 방치된 공간을 능동적 공간으로 바꾸어야 한다. 네모난 교실에서, 획일적 공간에서의 지루한 생활이 아이들을 행복하게 할 수 있을까? 아이들이 자율적으로 사용하고 누릴 수 있는 공간과 공간을 누릴 수 있는 시간을 주어야 한다. 50분 수업 후 10분 쉬는 시간으론 밖에 나갈 수 없다. 나가서 못 노니까 복도에서 우유갑을 발로 차면서 논다. 이런 복도를 12년 동안 왔다 갔다 한다. 복도를 열린 공간으로 만들고, 소통이 가능한 공간으로 만들어야 한다.

복도에 의자와 탁자를 두고, 아이들이 모여 떠들 수 있는 곳을 만드니 새로운 공간이 탄생했다. 복도는 아이들의 놀이터가 되었다. 버려진 공간에서 활기찬 공간으로, 규율에서 자율로, 감시에서 소통으로, 복도를 새로운 소통과 학습 공간으로 인식하는 것에서부터 학교의 변화는 시작된다.


## 계단: 정서, 삭막한 계단에서 탈피하다


묘곡초등학교는 삭막한 계단을 아이들이 독서와 놀이를 같이 할 수 있는 공간으로 바꾸었다. 어렸을 때는 숨는 공간을 좋아하는데, 계단을 오를 때 이런 재미있는 공간이 있으면 힘든 것이 조금은 사라진다. 환경을 바꾸면 폭력을 줄이고 마음도 다독일 수 있다.

일반 건물에서도 엘리베이터 대신 계단을 이용하도록 권장하고 있다. 생활 속에서 다이어트를 할 수 있는 최고의 수단이라고 한다. 그런데 계단이야말로 디자인 사각지대에 있는 곳이다. 그래서 계단을 오르며 걷는 모습을 표현한 그림, 몇 층을 왔는지 알 수 있는 사인, 계단을 오르면 생기는 감량 효과 등을 볼 수 있도록 그래픽으로 디자인한다.

이런 디자인적 시도는 보는 사람에게 기분전환도 된다. 나도 운동하기에 좋지 않은 날씨에는 아파트에서 계단 오르기를 하는데, 흰색에 가까운 색으로 칠해진 벽과 계단만 내려다보면 더 힘이 드는 기분이다. 그래서 음악을 듣거나 짧은 이야기를 들으면서 운동을 한다. 이때 '계단 공간에 변화가 있다면 아파트 주민들도 한 층이라도 더 걷게 할 수 있을 텐데'라는 생각을 했다. 학교를 설계할 때부터 계단 디자인을 의무화한다면 아이들이 즐겁게 계단을 오르내리며 보다 건강해질 수 있을 것이다.

# 아이의 창의력을 키우는 컬러

●　　　　사람은 약 700만 개의 서로 다른 색을 구별할 수 있다고 한다. 괴테는 "인간은 정보의 80%를 시각에 의존하고, 그 대부분은 색채로 이루어져 있다"고 말했다. 인간의 오감 중 시각이 80% 이상을 차지한다는 것도 결코 과장이 아니다.

시각에 영향을 미치는 가장 큰 요소는 바로 색이다. 색채는 청소년기의 아이들에게 성인이 되면서 필요한 감각을 발달시키는 데 매우 중요한 작용을 한다.

학교 건물에 사용된 재료나 색채를 보면 언제 지어졌는지, 언제 리모델링을 했는지를 어느 정도는 알 수 있다. 특히 벽돌색을 보면 건축 시기를 추정할 수 있듯이 그때그때 유행하는 재료나 색채도 있다. 최

컬러감이 돋보이는 청솔중학교의 외관

근에는 징크라는 소재를 많이 사용하는데 그것도 전체가 아니라 부분
적으로 사용하고 있다.

차를 타고 가다 보면 도심 한복판에서도 초등학교 외벽에 빨주노초
파남보의 무지개색을 칠한 학교가 눈에 띄게 늘고 있다. 아니면 빨강,
노랑, 녹색 등 3~4가지의 원색을 쓰기도 한다. 이쯤 되면 멀리서 보아
도 초등학교라는 것을 알 수 있다. 무슨 근거로 이렇게 칠했는지 물어
보고 싶다. 아마도 초등학생들이 원색을 좋아한다고 생각한 것인지,
아니면 아이들에게 활기찬 분위기를 연출하려고 한 것인지는 알 수
없지만 말이다.

학교 정문에 들어섰을 때 가장 먼저 보이는 것이 교사동이다. 10년

전만 해도 어두운 적벽돌색과 칙칙한 녹두색으로 거의 통일되어 있었다. 그러다 보니 등교하면서 학교가 보이면 우울한 느낌이 들 수밖에 없었다. 학교 내부는 중앙의 낙서 방지 페인트 선을 기준으로 하부는 칙칙한 연두색으로, 상부는 흰색으로 칠해져 있었다. 창문 프레임은 짙은 갈색이고 신발장은 군대를 연상케 하는 색이었다.

도대체 학교 건물의 색은 누가 정하는 것일까? 매뉴얼도 없는데 신기할 정도로 학교의 색은 이상하게 규정되어 있다. 내가 처음 방문한 학교는 군부대 건물과 똑같은 색이었다. 2008년 '문화로 행복한 학교 만들기'를 시작할 때 색만 바꾸어도 학교가 달라질 수 있다는 생각으로 색채를 바꾸기 시작했다. 당시에는 건물 외부 색채와 복도 색채를 바꾸면서 확신을 얻을 수 있었다. 아이들의 얼굴과 행동이 눈에 띄게 밝아졌기 때문이다.

지금의 학교 건물에는 색채에 대한 기준이 필요하다.


## 교육 공간의 컬러는 최대한 조화롭게


학교 건물 외관에 사용할 색을 정할 때 가장 중요한 것은 주변 환경과 조화를 이루는 것이다. 학교 주변에 건축물이나 도로가 있다면 주변 건축물과 연속되도록 해야 한다. 튀는 색을 쓰는 것보다는 도시의 분위기

강솔초등학교의 2층 옥외공간(디자인 디렉터:공유건축 송상환)

를 고려해야 한다는 뜻이다. 학교 건물이 주변에 산이나 들의 자연이 풍부한 곳에 있다면 어느 정도 튀는 색을 써도 된다. 왜냐하면 주변에 있는 자연 환경의 색이 화려하지 않기 때문에 강조할 수 있다는 의미다.

양지중학교의 복도와 로비

　건물의 층수도 색을 정하는 데 중요한 요인이 된다. 층수가 낮은 경우는 면적이 작기 때문에 강한 색을 사용할 수 있지만, 층수가 높은 경우는 면적이 넓기 때문에 강한 색을 사용하면 소음색이 될 수 있다.

　제주에 있는 애월초등학교 더럭분교의 경우 주변에 건축물이 적고 층수도 낮아 자연 환경이 많은 면적을 차지하기 때문에 강한 색을 써서 지역의 랜드마크 역할을 할 수 있도록 했다. 또 제주도는 햇빛이 강하기 때문에 채도가 높은 색을 잘 보이게 한다. 하지만 여기에서 사용한 색을 주변에 고층 건물이 있는 도시에서 사용한다고 해서 똑같은 효과가 나는 것은 아니다. 오히려 무분별한 색채의 사용으로 도시 미관을 저해하고, 이것을 매일 바라보는 아이들에게 과도한 자극을 주

미동초등학교의 복도(좌), 비상문(우)

게 된다. 과도한 자극을 주는 환경은 우리를 지치게 한다. 이런 건물로
는 올바른 색채 사용법을 교육하지 못한다.

학교의 건물 외벽이나 담장 등에 색을 사용할 때는 사용자인 학생
보다 더 중요한 지역의 특성이나 주변 건물과의 관계를 우선시해야
한다.

학교 내부로 들어가면 다른 어떤 요소보다 색채의 영향을 많이 받
게 된다. 건축적 요소가 단순하기 때문에 층수 구분도 안 되고 교실도
다 똑같아서 변화가 거의 없다. 자극이 너무 적은 환경은 기력을 떨어
뜨리고 사람을 권태롭게 만들어 스트레스와 슬픔을 가중시키기도 한
다. 그렇다고 학교 전체를 알록달록하고 울긋불긋 칠하라는 의미는

아니다.

"컬러는 우리를 즐겁게 하거나 우울하게 만들 수도 있고, 기운이 솟게 하거나 피곤하게 만들 수도 있고 지루하게 하거나 차분하게 해줄 수도 있고, 만족이나 절망을 선사할 수도 있고, 불편하게 하거나 행복하게 할 수도 있다"는 칸딘스키의 말처럼 색채는 힘을 가지고 있다.

또 색에는 감정이 있다. 색의 온도는 따뜻한 느낌과 차가운 느낌을 말한다. 따뜻한 느낌을 주는 색을 난색, 차가운 느낌을 주는 색을 한색이라 한다. 난색 계열에는 빨강·노랑·주황 등이 있으며, 한색 계열에는 초록·파랑·남색 등이 있다. 색의 온도는 주로 색상과 관련되어 있지만 명도에 따라 느껴지기도 한다. 명도가 높을수록 차가운 느낌을 주며, 명도가 낮을수록 따뜻한 느낌을 준다. 예를 들어 흰색이 검은색보다 차갑게 느껴진다.


색의 이미지가 어느 정도 고정된 공간이 있다. 색의 반응과 관련해 폭넓게 진행된 연구 결과에 따르면 채도가 낮은 색상을 보면 차분해지고 채도가 높은 색상을 보면 활력을 느낀다고 한다. 특정 색에 대한 감정은 개인의 경험과 문화에 따라 다르지만, 색에 따른 온도감이나 무게감은 사람들이 비슷한 수준으로 느낀다고 한다.

보건실·상담실은 마음을 안정시키고 편안하게 휴식을 취하는 공간이다. 안정적이고 편안한 느낌을 주는 초록 계열이 적당하다. 식당은 학생들이 친구들과 음식을 먹으며 즐거운 시간을 보내는 곳으로, 깨끗한 느낌을 주고 식욕을 높여주는 주황 계열이 어울린다. 관리실·행정실은 업무가 진행되는 곳이므로 부드러운 느낌의 빨강 계열을 사용한다. 독서실이나 도서관은 학습과 독서 활동을 하는 공간으로, 조용한 분위기가 조성되어야 한다. 초록 계열은 차분하고 정숙한 곳에 효과적이다. 학생들의 거점이 되는 개방된 공간은 따뜻한 느낌의 웜그레이로 중립적인 분위기를 주는 편이 좋고, 시설물에는 강조색으로 활기를 주도록 한다.

학교 내부나 일반 교실에 가장 많이 사용하는 색이 흰색이다. 흰색은 처음에는 깨끗해 보이지만 오염에 약한 특성이 있어서 쉽게 더러워진다. 그보다는 흰색의 이미지가 차갑게 보이기 때문에 내 경우 공공 건축물의 실내에서는 사용하지 않는다. 아이들은 따뜻한 공간에서 훨씬 공부에 집중하는 경향을 보이므로 흰색보다는 약간 노란색이 섞인 크림색, 베이지색을 사용하면 온화한 공간이 된다.

## 성별·연령별로도 색을 구분해야 한다

지구에는 우리가 셀 수도 없을 만큼 많은 색이 있다. 심지어 사람들이 좋아하는 색도 서로 다르다. 십인십색, 백인백색, 천인천색일 수는 있지만 1만 명, 10만 명에게 물으면 비슷한 경향을 볼 수 있다. 여자와 남자의 성별로 좋아하는 색이 구분되고, 연령별로도 좋아하는 색이 구분되는 경향을 보인다. 초·중·고등학교, 여학생과 남학생, 초등학교 저학년과 고학년이 좋아하는 색도 서로 구분된다. 그러니 성인인 선생님이 고른 색은 아이들의 감성에 맞지 않을 수 있는 것이 어쩌면 당연하다.

학교 건물은 대부분 4층이고 복도로 이루어져 있다. 복도의 색을 층별로 테마를 주어 구분하게 되면 교실과 색다른 분위기를 주면서 아이들에게 정서적인 힐링 요소가 될 수 있다. 복도 전체를 한 가지 색으로 칠하면서 중간부와 끝부분 등에 그래픽 디자인을 적용하면 좋다. 그래픽 디자인은 복잡하거나 실사 이미지는 피하도록 한다.

중학교 이상은 교과교실제를 운영하고 있다. 교과교실제는 "교과마다 특성화된 전용 교실을 갖추고 학생들이 수업 시간마다 교과 교실로 이동하며 수업을 듣는 학교 운영방식"이다. 과학 과목의 경우 물리, 화학, 지구과학, 생물 과목으로 나뉘어 있다. 그런데 실제로 가보면 일반 교실과 별 차이가 없다. 실험 기구의 차이 정도뿐이다.

물리 교실에 들어갔을 때 물리와 관련된 색으로 칠하거나 연상시킬 수 있는 요소를 디자인하는 것이 필요하다. 컴퓨터실은 집중도를 높여주는 색이 필요하다. 시청각 매체를 사용하는 교실로, 여러 사람이 모여 있는 곳이다. 파랑을 사용하면 차분하고 안정된 느낌을 주고 집중도를 높일 수 있다.

2010년 중산고등학교 교실에 처음으로 색채 디자인을 도입한 적이 있다. 4층을 잉글리시 존과 사이언스 존으로 구분하고, 교실 입구에 교실별로 구분하는 색을 도입했다. 잉글리시 존에는 영어 속담이나 명언을 롤브라인드에 프린트를 했다. 사이언스 존에는 수학 공식, 물리식, 화학식 등을 연하게 프린트하여 장식적으로 활용했다.

과목마다 색을 다르게 적용할 수도 있다. 어떤 색을 쓰느냐에 따라 분위기가 달라진다. 교실에 다른 색을 적용하는 경우에는 복도에 사용하는 색을 주의해야 한다. 보통 바닥에서 1.2m까지 낙서 방지 페인트를 칠하지만 그 위쪽까지 전체에 낙서 방지 페인트를 칠하는 것이 좋다.

페인트는 금색과 같은 특수색은 가격이 비싸지만 색깔에 따른 가격 차이는 거의 없다. 학교의 담장이나 벽면에 벽화를 그리는 경우가 종종 있다. 벽화는 시멘트나 콘크리트 표면에 그리게 되는데 처음부터 그리는 것이 아니라 환경 개선 사업을 통해 그리는 경우가 대부분이다. 이때 오염이 완전히 제거되지 않은 상태의 울퉁불퉁한 표면에 페인트를 칠하기 때문에 몇 년 후 마치 여름철에 탄 피부처럼 껍질이 일어나기 시작해서 이전보다 더 지저분하고 흉측한 환경이 된다. 우리나라에서 벽화가 시도된 것은 재개발 지역의 경관을 잠시나마 완화하기 위함이었다. 재건축을 하기 전까지 짧은 시간 동안이라면 시도해 볼 수 있지만 긴 시간 동안 유지시키기는 어렵다.

# 건물이 놀이터가 된 후지 유치원

●        어린아이가 가장 자주 접하게 되는 교육 환경은 어린이집이나 유치원이다. 좋은 유치원을 고르는 기준은 바로 아이들이 주인공이 될 수 있는 환경을 제공해주는 곳이어야 한다. 여기서 좋은 환경이란 많은 경험을 하도록 돕는 곳이다. 그런데 유치원도 학교 공간과 마찬가지로, 대부분의 공간 구성을 사각형으로 디자인한 곳이 많다.

모든 건축 설계는 그 공간을 사용하는 이용자의 행태를 반영해야 한다. 특히 공간을 디자인할 때 세심하게 신경 써야 하는 대상에는 아이, 노인, 장애인 등이 있다. 그런데 아이들의 공간을 설계할 때 다양한 형태와 알록달록한 색채를 시도하지만 실패하는 사례가 많다. 왜냐

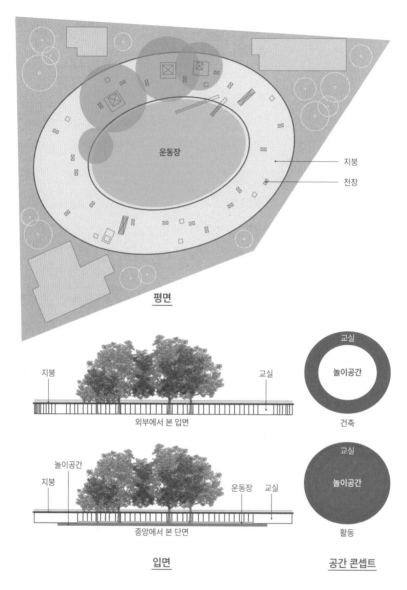

운동장

지붕
천창

평면

지붕     교실
외부에서 본 입면

놀이공간
지붕    운동장   교실
중앙에서 본 단면

입면

교실
놀이공간
건축

교실
놀이공간
활동

공간 콘셉트

기존의 나무를 그대로 살려서 만든 원형 건물과 가운데에 운동장이 있는 후지 유치원하면 아이들은 결코 어른들이 생각한 대로 놀지 않기 때문이다. 어른들이 억지로 꾸며놓은 공간, 새로 산 장난감을 좋아할 것이라고 생각하지만 아이들은 구석에 숨기도 하고 박스에 들어가기도 하고 베개를 타고 놀기도 한다. 그저 놀 공간이 보이면, 그곳을 찾아서 알아서 논다.

그런데 이런 아이들의 심리와 행태를 제대로 반영해서 디자인한 곳이 있다. '아이들의 천국', '꿈의 유치원'이라는 별명이 붙은 '후지 유치원'이다. 두 아이의 부모이자 부부 건축가인 데즈카 다카하루와 데즈카 유이는 2007년 일본 도쿄도 다치카와시 후지 유치원의 건축 설계를 맡았다. 이들은 유아기 아이들이 자라고, 보고, 만지고, 느끼고, 생각하고, 행동하는 사이클을 이해하고, 유치원이 아이들의 성장에 기여한다는 사실에 주목했다. 그리고 체험은 억지로 만들어질 수도, 쉽게 가르칠 수도 없다는 진리를 건축 설계에 담아 디자인했다.


## 원형 유치원: 유치원 전체가 아이들 놀이 도구


우리나라의 유치원은 대부분 네모난 형태인데 후지 유치원은 건물 중앙에 중정이 있는 동그란 형태로 도넛 모양을 닮았다. 부부 디자이너는 기존의 사고방식을 깨는 새로운 형태이면서 아이가 아이다울 수 있는 공간을 고민했다. 아이들은 뛰면서 신나게 놀아야 하는데 요즘 아이들은 예전처럼 신나게 뛰어놀 공간이 없다는 점에 신경 썼다. 층간소음 때문에 집에서도 제대로 뛰어놀 수 없기 때문이다. 부부는 여섯 살도 안 된 두 아이가 노는 모습을 보고 유치원의 모양을 상상하게 됐다고 한다. 아이들이 주로 원형으로 뛰어다니며 논다는 사실을 발견했고, 이것은 본능에 가깝다고 여겼다.

본래 이 유치원은 마름모 모양의 부지에 느티나무 세 그루가 있었다. 데즈카 부부는 마름모 부지와 느티나무 세 그루를 그대로 살릴 방법으로 타원형을 생각했다. 25m 높이의 느티나무 세 그루를 그대로 살려 교실에 남기고, 아이들에게 그늘을 제공하면서 지붕에서도 뛸 수 있는 도넛 모양의 유치원을 짓기로 했다.

둥근 모양으로 이어진 유치원 건물의 지붕 전체(길이 180m)는 아이들이 넘어져도 다치지 않도록 바닥을 나무 판재로 마감했다. 지붕은 곧 아이들이 자유롭게 올라가서 마음껏 뛰놀 수 있는 운동장이 되었다.

도넛 모양의 지붕은 세계의 아이들을 데려다 놓아도 모두가 신나게 달릴 정도로 흥미롭게 생겼다. 심지어 달리기를 잘하는 아이는 그 지붕을 아침에 30바퀴(5.4km)나 돈다고 한다. 일반적인 아이는 20바퀴(3.6km) 정도를 돈다고 하는데, 이는 또래 아이들보다 운동량이 3배나 높아지는 셈이다.

# 재미있는 유치원:
## 유치원의 작은 사물들로 자연의 도리를 가르친다

아이들에게는 논다는 것이 곧 생활이고 일상이다. 여전히 많은 유치원에서는 아이들이 놀 수 있는 장소와 놀이 기구와 놀이 방식을 어른들이 정해준다. 그런데 데즈카 부부는 아이들의 행위를 오직 '놀이'의 관점에서 해석하고 이를 공간 구조로 실현했다고 한다. 놀이 기구는 아이의 놀이를 한 가지로 제한하기 때문에 스스로 노는 방법을 터득할 수 있도록 후지 유치원에는 놀이 기구를 일부러 두지 않았다. 아이들은 보통 새로운 놀이 기구를 사주면 처음에는 재미있게 놀지만, 얼마 안 되어 싫증 내고 버린다. 하지만 스스로 터득한 놀이는 그렇지 않다. 그런 의미에서 후지 유치원 건물은 그 자체만으로도 아이들에게 훌륭한 놀이 기구다.

아이들은 나무에 매달려 놀기도 하고 나무의 몸통을 둘러싼 그물망에 매달려 놀기도 한다. 높이가 25m인 느티나무에는 아이들이 오르내리며 타고 놀 수 있도록 밧줄을, 그리고 아이들이 빠지지 않게 그물을 설치했다. 그물은 20톤을 버틸 수 있도록 튼튼한 매듭으로 제작되었다고 한다. 건축가는 아이들의 안전을 위해 난간을 설치하려고 했지만, 유치원 원장은 혹시라도 떨어지는 아이들을 받아줄 수 있는 그물망을 설치하자고 했다고 한다.

일부러 망에 몸을 던지는 아이들과 친구들을 떨어뜨리려는 아이들로 인해 나무 한 그루에 수십 명이 모이기도 한다. 유치원 내부에서도 아이들이 느티나무를 오르락내리락하면서 놀 수 있도록 밧줄을 설치했다.

옥상의 바닥에는 여러 개의 천창이 있다. 천창의 기능은 기본적으로 채광이지만 튀어나온 천창을 통해 위에서 아래로 보기도 하고 유치원 내부에서 위를 보게 하는 놀이 요소를 겸한 디자인이다. 아이들은 천창으로 유치원 안을 들여다보고 친구를 찾기도 한다. 옥상의 외곽에는 촘촘한 간격의 난간이 있는데 아이들의 다리 굵기를 기준으로 폭을 설정했다. 전체 조회가 있는 날이나 행사가 있는 날에는 지붕의 난간 사이에 두 다리를 끼고 둘러앉아 내려다본다.

후지 유치원은 아이들을 지나치게 보호하지 않는다는 교육 방침으로 만든 공간이다. 여기서 아이들은 뛰고 넘어지는 신체 활동을 통해 자연스럽게 세상을 배운다. 유치원 건물도, 풀도, 나무도 모두 아이들의 성장을 위한 도구라고 여긴 건축 디자인이다.

아이들이 매일 타고 노는 느티나무는 뛰다 지친 아이들이 쉴 수 있는 나무 그늘도 제공한다. 아이들은 느티나무의 사계절 변화를 관찰하면서 세상을 배우기도 한다. '백문이 불여일견'이라고, 아무리 책으로 느티나무의 봄, 여름, 가을, 겨울을 배운다고 해도 스스로 느껴야 알 수 있다. 경험만큼 좋은 선생님은 없다. 여름에는 지붕이 뜨겁고 겨울에는 지붕이 차갑다는 것을 알게 된다면, 여름에는 아침 일찍 올라가고, 겨울에는 따뜻해진 오후에 올라가면 된다는 것도 알게 된다.

한국에는 안경을 쓴 사람이 많은데 이는 어릴 때의 야외 활동과 관계가 있다고 한다. 야외 활동이 줄어들면 빛이 망막에 도달하지 못해 근시가 된다. 매일 최소 3시간 이상의 야외 활동이 필요하다고 한다.

지붕에서 미끄럼틀과 계단으로 내려오면 건물 중앙에 펼쳐진 원형의 마당을 만날 수 있다. 마당의 한쪽 수돗가에는 샤워기, 수도꼭지, 양동이가 있다. 양동이에 수돗물이 떨어지는 소리, 바닥의 자갈에 떨어지는 물방울 소리, 바람에 나뭇잎이 부딪히는 소리는 아이들의 오감을 자극해주는 요소들이다. 자연의 소리와 친해지는 순간들이다. 이처럼 유치원은 아이들이 재미를 느끼는 공간이 될 수 있어야 한다.

## 열린 유치원: 아이들을 위해 벽을 없애다

후지 유치원은 외부 마당과 내부 교실 사이도 열린 공간이 되도록 했다. 마당 쪽의 벽을 없애 건물 전체가 하나의 공간이 되도록 했다. 외벽은 모두 유리로 만들어 내외부의 소통이 원활히 이루어진다. 한눈에 보이는 건물은 여느 유치원과 다르다. 마당과 접해 있어서 모든 교실에 햇볕이 들고 개방감이 있다. 어떤 교실에서나 아이들이 뛰어

노는 것이 보이고, 아이들이 교실에서 밖으로 바로 나갈 수 있고, 밖에서 놀다가 바로 들어올 수 있다.

건물 내부에는 고정 벽이 없고, 각 교실을 구분하는 것은 이동식 칸막이와 오동나무 블록이 전부다. 아이들과 교사가 직접 쌓아 올릴 수 있는 30cm 모듈의 오동나무 블록은 벽이 되기도 하고, 장난감이 되기도 하며, 의자와 책상이 되기도 한다. 아이들과 교사가 매번 자유롭게 구성하기 때문에 교실 모양이 서로 다르다. 모두 함께하지만 모두 같지는 않다.

교실은 완전히 차단되는 벽이 없이 하나의 공간으로 터져 있다. 옆 교실에서 나는 소리가 들리는 것은 당연하다. 열린 교실에서 수업이 될까? 옆 교실, 앞마당, 도로 소음, 이웃 소음이 방해가 되지 않을까? 오히려 옆 교실의 소음이 수업시간 아이들의 집중력을 키운단다.

어린아이들은 오히려 조용한 공간에서 집중하지 못하고 적절한 소음에서 집중을 잘한다고 한다. 조용한 고시원, 독서실, 도서관을 유치원 교실에 적용한다면 아이들은 금방 질릴 것이다. 아이들에게 필요한 집중력은 고시생에게 필요한 집중력과는 다르기에 닫힌 교실보다 열린 교실이 필요하다.

아이들은 열린 교실을 통해 적정한 생활 소음 속에서 집중하는 법을 터득하게 된다. 적당한 소음은 아이들에게 자극이 된다. 책 읽는 소리, 노랫소리, 악기 소리, 이야기하는 소리가 아이들의 다양한 감각을 자극한다.

원장실도 개방되어 있다. 원장실에 앉으면 2층도, 1층도 모두 한눈에 보인다. 2층과 1층에서 노는 아이들도 원장실이 보인다. 시야가 오픈되고 선생님과 친구들이 항상 보이는 위치에 있어 소외받지 않는다.

이러한 열린 공간은 시각적 교류를 만든다. 보통은 유치원에서 발생하는 문제로 CCTV를 설치하는데 CCTV가 모든 지역을 커버할 수 없기 때문에 사각지대가 발생한다. 이런 문제는 막힌 공간으로 인한 사각지대에서 나타나게 된다. 감시가 미치지 못하는 공간이 아닌 시야가 열려 있는 공간이면 문제가 생길 수 없다.

양호실도 잘 보이는 위치에 있다. 양호실을 교실 가까운 곳에 배치해 선생님이 자리를 비우거나 아픈 아이가 혼자 있게 되는 경우를 차단했다. 늘 보호받을 수 있는 위치에 있어 아이도 불안하지 않다. 친구들과 선생님들이 늘 주변에 있고 햇빛이 잘 드는 위치에 있다.

일본에서도 후지 유치원의 인기는 폭발적이다. 도시 외곽에 있음에도 불구하고 대기자가 줄을 이을 정도다. 멀리서도 아이들을 보내고 싶어 하는 학부모가 많다. 이 유치원 덕분에 다치카와시도 더불어 유명해졌다.

'아이들이 어른이 돼서도 기억할 수 있는 유치원'을 짓고 싶었다는 유치원 원장의 말이 인상적이다. 어린 시절 아이들이 머무는 유치원은 아이들의 천국이 되어야 한다. 사람은 어린 시절의 행복감을 인생

의 자양분으로 삼아 살기도 한다. 그만큼 이런 유치원에서 어린 시절
을 보낼 수 있다면 정말 행복하지 않을까?

# ⓐ⁺¹ 천장의 높이는
## 창의력에 영향을 준다

왜 한국에 있는 학교 교실은 모두 다 똑같이 생겼을까? 과연 이렇게 정형화된 교실에서 공부하면 학습 효율이 높아질 수 있을까?

실제로 영국에서 디자인이 학습에 미치는 영향을 연구한 적이 있다. 그 결과 디자인이 뛰어난 교실은 디자인이 엉망인 교실보다 학습 진도가 무려 25%나 빨랐다고 한다. 또한 적정한 조명, 푹신한 가구, 안락한 커튼이 있는 교실의 학생은 수업 참여도가 높았다. 자연광이 풍부한 밝은 교실에서 공부한 학생은 문제 행동이 적었고, 성적도 좋았다. 시끄러운 곳보다 소음이 적절히 차단된 곳에서 공부한 학생의 학습 능력이 비교적 더 높게 측정됐다.

그럼에도 불구하고 여전히 학교의 모습은 쉬이 변할 가능성이 낮은 것이 현실이다. 학교는 아이들의 성장 과정에서 빠질 수 없는 시설인데도, 여전히 같은 모습을 유지하고 있다. 학습 능력과 창의력 향상에 도움이 되기는커녕 어둡고 획일적인 모습으로 학습을 저해하고 있을지도 모른다. 이는 학습 환경 디자인이 학생들의 정서, 인지, 성취도, 참여도 등에 얼마나 크게 영향을 주는지를 모르기 때문이다.

미국의 건축가 루이스 칸은 로마 시대 목욕탕의 높이를 언급하며 이

천장 높이가 공부에 미치는 영향

렇게 말했다. "카라칼라 욕장을 보라. 목욕탕 천장 높이가 45m가 아니라 2.5m라 하더라도 목욕하는 데 문제가 없다는 것을 알고 있다. 그러나 45m 높이는 우리를 다른 사람으로 만든다." 그의 말처럼 건물의 천장 높이도 인간의 삶에 크게 영향을 미친다.

이를 뒷받침하는 실험이 있다. 미국 미네소타대학교 조앤 마이어스 레비 교수는 천장 높이가 각각 2.4m, 2.7m, 3m인 방에서 사람들이 문제를 푸는 실험을 했다. 그 결과, 천장 높이가 가장 높은 3m인 방에서 문제를 푼 사람들이 창의력 문제를 두 배 이상 잘 풀었고, 천장 높이가 가장 낮은 2.4m인 방에서 문제를 푼 사람들은 집중력을 필요로 하는 문제를 잘 풀었다고 한다. 천장 높이가 높아지면 아이디어가 필요한 일에서 요구되는 창의력이 활성화되고, 천장 높이가 낮아지면 섬세함이 요구되는 집중력이 높아짐을 알 수 있다. 즉 천장이 높으면 공간이 넓어지고 폭넓은 시야가 확보되어 다양한 생각을 할 수 있으며 창의적인 아이디어가 떠오르기 쉽다는 것이다. 레비 교수는 이를 토대로 천장 높이가 사람들의 사고를 바꿔주고, 감정과 행동에 영향을 준다고 주장했다.

흥미로운 점은 천장 높이가 2.6m에서 3m로 높아지면 창의력 점수가 2배 이상 증가하지만, 천장 높이가 3m에서 3.6m로 높아졌을 때 창의력 점수가 4배로 증가하는 것은 아니라는 것이다. 천장 높이가 2.4m인 공간에 들어가면 3m인 공간에 들어갔을 때보다 훨씬 답답한 느낌을 받지만, 천장 높이가 3m인 공간과 3.6m인 공간의 차이는 크게 느끼지 못한다. 그 이유는 천장까지의 일정한 수직 도달 범위를 넘어서면 우리의 높이 측정 능력이 감소하기 때문이라고 한다. 즉 천장 높이를 높이더라도 3m 이상은 큰 효과를 보기 어렵다는 의미다.

천장의 높이와 창의력에 관한 일화로 조나스 솔크 박사와 관련된 재미있는 이야기가 있다. 솔크 박사는 소아마비 백신을 개발하던 중 연구실에서 하루 종일 연구해도 아이디어가 떠오르지 않아 가방 하나 메고 이탈리아로 여행을 떠났다. 여행 중 우연히 들어가게 된 천장이 높은 성당에서 백신에 대한 아이디어가 번뜩 떠올랐다고 한다.

천장이 높은 성당

    그 후 솔크 박사는 당시 세계 최고의 건축가였던 루이스 칸에게 솔크 연구소의 건축 설계를 의뢰하면서 천장이 높은 곳에서 창의적인 아이디어가 나오는 것 같으니, 연구소 천장을 높게 설계해달라고 요청했다. 일반적인 건축 공간의 천장 높이가 2.4m인 것에 비해 솔크 연구소는 천장 높이를 3m로 만들어 세상에서 천장이 높은 연구소 중 하나가 되었다. 그 후 솔크 연구소에서 노벨상 수상자가 6명이나 배출되었는데, 이것도 높은 천장과 전혀 관련 없지는 않을 것이다.

    학교도 마찬가지다. 건축주에게 어떤 집에서 살고 싶은지 묻듯 학교의 사용자인 학생과 선생님이 어떤 공간을 원하는지부터 물어야 한다. 좋은 시스템이 좋은 건축을 만든다. 학교도 예외가 아니다. 내 집 짓듯이 학교를 지으면 된다.

우리나라 학부모들이 주거공간에 대한 관심만큼 학교공간에 대한 관심을 가졌더라면 지금의 학교공간은 훨씬 달라졌을 것이다. 학부모뿐 아니라 건축가나 정치인, 공무원 들이 학생들에게 더 관심을 가졌더라면, 지금의 학교는 분명히 달라졌을 것이다.

URBAN SPACE
CULTURAL SPACE
EDUCATIONAL SPACE
LIVING SPACE

# 3

아이의
창의력과 감성을
키우는 곳

## 문화공간

# 익숙함에서 벗어날 때 창의력은 시작된다

●　　　　　　　"지식보다 중요한 것은 상상력이다."

천재 물리학자 알베르트 아인슈타인의 말이다. 내가 하는 일은 늘 새로운 것을 만들어내야만 하는 일이었다. 늘 새로운 공간, 남다른 공간을 만들어야 했다. 이미 누군가 만든 것과 똑같은 공간을 만든다면 개성도 없고 차별성도 없어 그 공간에 대한 호기심도 생기지 않고, 그런 공간에는 누구도 찾아오고 싶지 않을 것이다. 그래서 '새로운 것을 만들기 위해서는 어떻게 해야 할까?'라는 물음을 늘 가지고 일해왔다.

내가 생각하기에 원래 나는 그다지 창의적이지 않은 사람이다. 안정적이고 반복적인 일이 익숙하고 편하다. 집에서 회사를 갈 때도 매일

인간의 상상력을 건축물로 구현한 좋은 예. 시드니의 오페라하우스(좌), 바르셀로나의 카사밀라(우)

다니던 길로만 다니는 것을 좋아한다. 그러니 어떻게 새로운 생각을 할 수 있겠는가?

그러던 어느 날, 회사가 참여한 제안서 경쟁에서 떨어지면서 생각의 방향을 전환하게 되었다. 새로운 공간을 만드는 것이 업(業)이니만큼 새로운 것에 익숙해지기 위한 노력을 시작했다. 그때부터 쉼 없이 사유를 넓힐 수 있도록 책을 읽고, 잘 만들어진 공간을 찾아 다녔다. 또 내 일과 직접적인 연관이 없는 다양한 분야의 사람들도 부지런히 만나고 다녔다. 3년을 꾸준히 지속하다 보니 성과가 보이기 시작했다. 내가 만든 공간에 대해 인정도 받게 되었고, 또 회사를 이끌면서 괄목할 만한 성과도 이루게 되었다.

이제는 정보가 흘러넘치다 못해 정보를 큐레이션하는 것도 버거운 세상이다. 누군가가 쓴 책을 읽고 또 읽어도, 새로운 책이 넘쳐나고, 누군가는 내가 모르는 무엇인가를 끊임없이 만들어내고 있다. 하지만 무엇이든 처음 만들어진 순간과 그 순간을 만든 사람들이 있다는 것을 생각하면, 끊임없이 생각하고 노력하는 것으로도 인간의 사고는 나날이 발전하고 있다. 그리고 점점 과거에는 상상만 하던 것들이 실제로 이루어진다.

## 작은 변화가 창의력을 키운다

수학자이자 컴퓨터 과학자인 그레이스 호퍼는 "익숙함에서 벗어나 작은 도전을 할 때 우리의 믿음은 싹이 트고 기회가 보인다"라고 말했다. 미래의 가능성을 품고 사는 우리의 아이들을 위한 공간도 늘 그런 도전과 창의력의 모티브를 제공할 수 있어야 한다.

창의력이나 상상력을 발휘할 때 가장 필요한 것은 풍부한 경험이다. 스티브 잡스가 아이폰을 개발했을 때도 이미 사람들이 불편 없이 사용하던 휴대전화가 있었다. 그러나 기존의 것을 좀 더 다르고 새로운 것으로 확장하고자 했던 시도가 지금의 아이폰이 된 것이다.

무엇이든 처음 만든 사람들이 있다. 어둠을 밝히는 전기, 멀리 있는 사람과 대화할 수 있는 전화, 멀리까지 빠르게 갈 수 있는 자동차·비행기 등 사람들의 생활에 도움을 주는 것들이 발명되었고 지금도 만들어지고 있다. 이것들은 누군가의 상상으로 만들어졌다. 그것이 무엇이든 상상하지 않으면 시작되지 않았다.

창의력은 한 번도 보지 않고 경험하지 않은 새로운 것을 생각해내는 힘이다. 창의력이나 상상력은 인간만이 할 수 있고 인간이 할 수 있는 가장 고차원적인 능력이다. 다른 사람이 했던 것을 답습하고 베끼는 것은 누구나 할 수 있지만 새로운 아이디어를 내는 것은 머리를 쥐어짜도 어렵다.

내가 어렸을 때는 직업의 종류도 많지 않았다. 하지만 지금은 다양한 직업이 있고, 직업을 창조할 수도 있는 시대다. 심지어 지난 30년 동안 변화한 세상의 모습이 지난 30년 이전의 1,000년 동안 변화한 것보다 크다. 따라가기도 벅찬 세상인데 새로운 것까지 만들지 않으면 경쟁에서 살아남기 어려워질 수 있다. 돈을 버는 방식만 해도 '라떼는' 열심히 회사 다니며 벌면 되었지만 지금은 그것만으로는 어렵다.

이런 시대를 사는 아이들에게 "라떼는 말이야"라는 말로 조언을 한다면, 심지어 강요를 한다면 그 아이가 100세 이상을 어떻게 살아남을 수 있을까? 조선시대 왕들의 평균수명은 46세였다. 그리고 2020년 기준으로 기대수명은 83세다. 그런데 이제 100세를 넘어서까지 사는 사람도 많다. 과연 우리가 앞으로 어떤 모습으로 살아야 할지를 누가 조언할 수 있을까?

나와 남편은 지금껏 내 아이에게 어떻게 살라는 말을 해본 적이 없다. 아니 못하는 것에 가깝다. 다만 네가 살아갈 시대는 우리가 살아온 시대와는 다르기 때문에 다른 생각을 해야 한다고 말할 뿐이다. 그렇다면 우리가 해야 할 일은 뭘까? 바로 아이들이 자기 인생을 펼칠 수 있는 창의력과 상상력을 가지도록 해주는 것이다.

## 아이들은 어떤 공간에서 상상력을 키울 수 있을까

아이들에게 집은 감성을 키우는 공간이고, 학교는 학습 능력을 높이는 공간이라면 창의력이나 상상력은 어디서, 어떻게 키울 수 있을까? 아이의 창의력과 상상력을 키우기 위한 몇 가지 방법을 제안해보면 다음과 같다. 이는 부모에게도 마찬가지로 적용된다.

- 문제에 부딪혔을 때, 아예 다른 각도에서 생각해보라.
- 호기심과 관찰이 때론 명쾌한 해답을 준다.
- 막연히 생각하는 것보다 글로 쓰거나 말로 표현하려 할 때 아이디어를 얻는다.
- 다른 사람의 생각이나 의견, 차이는 창의력의 원천이 된다.

- 지금까지 본 것과 지금까지 상상한 것이 바로 창조적인 것이다.
- 똑같은 것도 처음 본 것처럼 다시 보게 되면 새로운 것이 보인다.
- 실패하지 않으려고 계획하는 것보다 실패하더라도 실행하는 것
  이 필요하다.
- 잘 노는 것이 가장 창의적이고, 놀면서 창의력을 배운다.

아이들에게는 집과 학교 이외에 갈 수 있는 공간이 필요하다. 어른
들은 마음만 먹으면 원하는 곳에 갈 수 있지만, 아이들에게는 이동의
자유가 많이 주어지지 않는다. 교통편만 해도 어른들은 자가용을 이
용할 수 있지만, 아이들은 그렇지 못하기 때문에 도보나 대중교통을
이용해서 쉽게 갈 수 있는 문화 공간이 필요하다.

문화 공간이란 쉽게 말해 아이의 창의력과 상상력을 키울 수 있는
곳을 의미한다. 음악·미술·체육·독서 등을 할 수 있는 공간, 어린이
스스로 창의력과 상상력을 높일 수 있도록 도와주는 다양한 콘텐츠가
넘치는 공간이 바로 문화 공간이다. 문화 공간은 변화무쌍해야 한다.
안정된 연속성 속에서도 변화감이 필요하다. 우리 아이들이 지금 어
떤 공간에서 생활하고 있는지 다시금 돌아봐야 한다.

그동안 학교 공간을 혁신하는 것만으로도 여력이 없었기 때문에 집
이나 학교 이외에 아이들이 갈 수 있는 어린이 공간을 만드는 것은 꿈
도 꾸지 못했다. 그러나 어린이 공간에 대한 관심이 지속적으로 높아

폐교에 만든 아이들의 상상력을 자극하는 특별한 공간. 일본 도카마치시의 그림책과 나무열매 미술관

지고 있는 것은 사실이다.

　한 아이를 키우는 데 온 마을이 필요하다는 아프리카 속담이 있다. 마을에 있는 모든 것이 아이를 키우는 데 필수적인 요소가 된다는 의미다. 아이에게 집과 학교 이외에 주변의 생활 환경, 즉 문화 공간이 필요한 이유다. 특히 아이들이 누구나 쉽게 갈 수 있는 곳이어야 한다.

　어느 지자체에서 아이들이 창의력을 키울 수 있는 어린이 복합문화 공간 '들락날락'을 조성한다고 발표한 적이 있다. 15분 도시 생활권 내에 아이들이 쉽게 접근하고 안전하게 이용할 수 있도록 조성할 것이라고 했다. 주 이용자인 어린이의 안전성과 편의성을 고려하여 내부에 도서실, 영어 존, 과학실, 미디어아트, 디지털 체험, 증강현실 존, 가상현실 존, 상담실, 창작실, 강의실 등의 공간을 담았다. "어린이들의 정서적·인지적 발달을 고려하고 자연색 계열의 밝은 실내 분위기를 조성하기 위한 색채와 채광을 고려"했다고 한다.

2019년부터 2020년까지 2년 동안 서울시 강동구에서 도시경관 총괄기획가로 일하며 공간 디자인에 대한 자문을 했다. 도서관, 북카페, 청소년 문화의집, 장난감 도서관(아이 맘 강동), 키움센터 등과 같은 아이들을 위한 공간도 꽤 많았다.

강동구의 주거 유형은 크게 아파트와 저층 주택 두 가지로 나뉜다. 아파트의 부대시설에는 많은 공간이 있지만 실제 만들어진 공간이 아이들의 정서에 맞는 것은 아니었다. 주로 어른 중심이고 아이들의 공간은 여전히 부족하다. 저층 주거지는 집들이 좁고 주변에 부대시설이 적을 수밖에 없는 특성이 있다. 주거 유형이 어떻든 아이들을 위한 공간은 어른의 공간과 달라야 한다는 것이 우선이었다. 크기가 다르고 색채가 다르고 놀이 방식도 다르다. 아이를 위한 공간은 아이들 스스로 만들 수 없기 때문에 어른들의 노력이 필요하다.

만약 자연을 접하기 힘든 도시에 사는 아이들에게 다양한 공간을 선물하고 싶다면 모든 공간을 집에 둘 수 없기에 주변으로 눈을 돌려야 한다. 게다가 아이들이 살고 있는 아파트는 천편일률적이다. 아파트 안에서도 다양한 시도를 할 수 있는 공간이 있어야 한다. 아이들의 개성과 다양성을 위한 획일화되지 않는 공간이 많아야 한다. 우리 주변을 돌아보면, 정말 보물 같은 공간들이 많다. 이런 공간을 발견하고, 아이들을 위한 공간으로 만들어주는 것이 어른들이 할 일이다.

아이가 늘 있던 공간, 늘 다니던 공간을 벗어나 새로운 탐험을 할 수 있는 다양한 문화 공간은 아이들의 아지트가 될 수 있다. 어린이날에 아이에게 값비싼 선물을 주는 것보다 아이와 함께 지낼 수 있는 특별한 문화 공간에 데려가는 것이 아이에게 더 많은 기억과 더 깊은 추억을 남긴다. 공간은 교사보다 앞선 곳이어야 한다.

# 아이가 가장 처음 만나는 예술은 장난감이다

●         아이가 태어나기 전부터 부모가 준비하는 장난감 중에 모빌이 있다. 부모들은 아이가 처음 접하는 장난감 모빌의 모양을 어떤 것으로 할지 많이 고민한다. 대부분은 컬러와 모양으로 모빌을 결정하는데, 과연 이 모빌이 아이에게 어떤 예술적 영향을 줄지를 고민하면서 고르는 부모가 얼마나 있을까? 어떤 의미에서 모빌은 아이의 예술적 감각이 형성되는 시기에 함께하는 매우 중요한 장난감이지만 이것을 생각하면서 모빌을 사는 부모는 과연 얼마나 될까?

아이가 어릴 때 장난감을 사주고 싶은데, 어떤 장난감을 골라야 할지 전혀 감이 안 잡혀서 엄청 고민을 했던 기억이 있다. 그러던 어느 날 어떤 장난감 상자의 뒷면에 '손으로 뇌의 힘을 키운다'는 문구를 보면서 '바로 이거다!'라고 생각했다. 손가락 놀이가 손의 힘을 기르기도 하면서 두뇌 발달에도 좋다는 것은 익히 들어 알고 있었기 때문이다.

우리나라 사람들이 머리가 좋은 이유는 젓가락질 덕분이라고 한다. 쇠젓가락을 사용하면 더 좋아진다고 한다. 우리는 쇠젓가락으로 콩을 집는 유일한 민족으로, 노인들에게 치매 예방을 위해 권하는 운동

갓난아이의 감각 발달에 영향을 주는 모빌

중 하나도 젓가락 사용인 것을 보면 두뇌 운동에도 도움이 되는 모양이다.

그래서 나도 아이가 어릴 때 손가락으로 물건을 집게 하는 장난감이나 바느질 놀이 같은 장난감을 사주었다. 조금 더 크면서 세계 어린이 95%가 가지고 논다는 레고를 사주었는데 레고가 창의력 발휘에 도움이 된다고 알려졌기 때문이었다. 레고로 다양한 형태를 만들 수 있기 때문인 것 같다. 하지만 개인적으로 레고가 좀 더 입체적이었으면 하는 바람이 있었다. 원형이나 곡선도 자유롭게 만들 수 있도록 말

이다. 부모는 장난감을 선택할 때 아이가 가지고 싶어 하는 것이 무엇이든 아이들의 창의력을 높이는 장난감을 우선적으로 고르는 것이 중요하다.

성장기의 아이들은 혼자 있는 시간 동안 장난감을 가지고 논다. 어렸을 때는 혼자 외부에 나가서 놀기 어렵기 때문에 실내에서 장난감을 가지고 노는 시간이 일상의 큰 부분을 차지한다. 하나를 가지고 하루 종일 노는 것이 아니라 하루에도 장난감의 종류를 몇 개씩 바꿔가면서 논다. 나이를 먹어가며 가지고 노는 장난감도 다르다. 책은 예전에 읽던 책을 다시 읽을 수도 있지만 아이의 장난감은 계속 바뀐다. 책보다 장난감 바뀌는 속도가 더 빠르다.

사용하는 기간이 짧아 계속 바꿔주어야 하는 장난감을 모두 사주기에는 경제적으로 감당도 안 되지만, 산다고 해도 보관하기도 어렵다. 이런 고민을 해결하기 위해 지자체에서는 장난감 도서관을 많이 만들고 있다. 장난감 도서관은 다른 말로 '장난감 대여소'다.

## 아이를 위한 장난감 도서관 '아이 맘 강동'

강동구에서는 장난감 도서관을 '아이 맘 강동'이라는 이름으로 놀이 공간과 함께 조성했다. 집이 좁아 장난감을 빌려가서 마음껏 놀 수

'아이 맘 강동' 길동점(설계:에이아이엠건축 임근풍)

없거나 장난감이 큰 경우에는 이곳에서 놀 수 있도록 놀이 공간을 만들었다.

나라에서 운영하는 장난감 도서관이 생기기 전까지는 키즈 카페와 같이 민간에서 운영하는 곳이 전부였다. 한 번 놀 때마다 비용을 지불하는 방식으로, 몇 번 가면 장난감 값을 훌쩍 넘긴다. 부담이 안 될 수 없다.

아이들은 늘 자유롭게 놀 권리가 있고 놀 수 있는 기회는 누구에게나 평등하게 제공되어야 한다. 그렇기 때문에 지자체에서 장난감 도서관이나 공공 키즈 카페를 많이 만들어야 한다. 강동구가 조성한 '아이 맘 강동'은 지점마다 공간 디자인의 테마를 다르게 했다.

암사점은 구불구불한 곡선을 사용해서 만든 공간으로, 마치 동굴 속 이미지를 연출했고 공간이 좁아 천장에도 장난감을 매달아 체험 시간을 길게 느낄 수 있도록 했다. 고덕점은 목재를 사용하면서 육체적인 활동이 가능하도록 만들었다. 또한 파란색을 강조색으로 써서 공간적 통일감을 주었다. 엄마들이 모일 수 있는 공간을 따로 두어 서로 정보를 교환할 수 있도록 했다. 길동점은 외곽에 장난감을 배치하고 내부쪽에 바다 이야기를 연출하는 공간을 마련했다. 아이들이 숨을 수 있는 아지트 공간도 여기저기 두었다. 암사시장 입구에 설치한 '아이 맘 강동' 암사시장점은 정글을 테마로 전체가 하나의 공간으로 연결되어 있어 인기가 많다. 조금 부지런하면 지점마다 공간을 옮겨 다니면서 여러 가지 공간 체험을 할 수 있다.

아이들 공간을 조성할 때 재료와 색채에 주안점을 두었다. 피부에 직접 닿기도 하고 감성이 중요하기 때문에 나무를 많이 사용했다. 나무는 온도 변화가 작고, 아이들이 호감을 느끼고 자극이 적은 갈색이라서 따스한 느낌을 전달한다. 동시에 가정적인 분위기를 연상시킨다.

목재는 일상생활에서도 가장 선호하는 재료이다. 천연 자원 중 지구에서 가장 넓은 지역에 분포하며 만들지 않고도 자연 성장으로 재생산이 가능하다. 목재는 가공하는 과정에서도 에너지가 적게 사용되는 친환경 소재다. 목재의 자연스러운 형태와 불규칙적인 패턴은 사람들에게 심리적 안정감을 준다. 또한 대부분 빛을 흡수하고 산란시켜 시

목재로 만든 아이들의 천국. 일본 도쿄의 장난감 미술관

각 자극을 최소화한다. 흡음, 차음이 뛰어나 음 환경을 중요하게 다루는 공간에도 사용된다.

하지만 목재 패턴을 억지로 만드는 것은 어렵다. 자연은 인간이 창조할 수 있는 것이 아니기 때문이다. 자연을 그대로 쓰는 것은 가능하지만 인공물을 자연스럽게 만드는 것은 어렵다. 목재를 사용할 수 없어서 시트지를 바르거나 인조목 벤치를 설치하는 경우를 흔히 보는데, 가짜를 아이들에게 만들어줄 순 없었다.

'아이 맘 강동'의 공간에 대한 방향과 공간을 디자인하는 데 많은 영향을 미친 곳이 바로 일본 도쿄에 있는 '장난감 미술관'이다. 도쿄 장난감 미술관은 흔히 우리가 생각하는 미술관과 다르다. 아이부터 노인까지 여러 세대가 만날 수 있고 모든 연령의 어린이들이 재미있게 놀 수 있는 체험형 플레이그라운드. 이 장난감 미술관이 지향하는 것은 부모와 아이가 함께 노는 곳, 나무와 놀이의 문화를 다음 세대에 전하는 곳, 0세부터 100세까지 다양한 세대를 연결하는 곳이다.

이곳은 예전 초등학교였던 폐교를 리모델링하여 활용했고 전 세계 장난감을 1만 개 이상 가지고 있는 장난감 천국이다. 대부분 목재를 사용하였는데 이는 목재산업 활성화의 계기가 되었다.

장난감 미술관은 '보다, 만들다, 논다'라는 세 가지 기능에 맞추어 공간별 테마가 있는 3개 구역으로 구분되어 있다. 일본의 전통적 장난감이 있는 '장난감 거리 아카'에서는 일본적인 장난감을 체험할 수 있다. 장난감을 만들 수 있는 '장난감 공방'에서는 재활용 재료로 나만의 장난감을 만들 수 있다. '눈으로 보는(eyes on) 미술관'에서 '체험하는(hands on) 미술관'으로, '이해하는(minds on) 미술관'에서 '느끼는(feels on) 미술관'을 지향한다. 모든 연령대에 맞게 장난감을 체험할 수 있다.

입구에 들어가기 전 크기가 조금씩 다른 나무에 이름이 쓰여 있는 벽을 볼 수 있다. 기본적인 크기가 있는데 1만 엔을 기부한 사람이다. 이보다 작으면 5,000엔, 이 보다 크면 2만 엔 정도로 보면 된다. 장난감 미술관이 기부로 만들어졌음을 보여주면서 목재로 만들어진 공간임을 알려주는 것이다.

2층 입구에 있는 매표소를 지나면 교실마다 뮤지엄 숍, 세계의 장난감, 기획전시실, 장난감 숲이 있고, 3층에는 장난감 거리, 장난감 공방이 이어져 있다. 1층에는 유아 놀이방이 있다.

목재로 만든 볼풀

이곳에서 아이들은 장난감을 가지고 노느라 시간 가는 줄도 모른다. 어릴 때 한 번쯤은 보았거나 꿈꾸어본 장난감으로 가득 차 있다. 아이와 아빠가 함께 노는 모습, 아이들끼리 놀면서 엄마들이 모여서 대화하는 공간, 심지어 할머니·할아버지들도 볼 수 있다. 아이들에게는 재미있는 천국이지만 어른들에게는 동심의 세상이 되고, 어르신들에게는 추억의 공간이 된다. 돌아갈 때가 되면 가기 싫다고 우는 아이들이 있을 정도다. 재방문율도 아주 높은 곳이다.

이곳은 대부분의 장난감이 나무로 만들어진 공간으로 안심하고 놀 수 있고 가구 역시 나무로 되어 있어 따뜻한 느낌을 준다. 여기서 처음으로 목재로 된 볼풀을 보았다. 여태까지 인공 소재의 볼풀만 보다가 촉감이 좋아서 강동구의 '아이 맘 강동' 고덕점에도 도입했다.

장난감 미술관이 있는 도쿄도 신주쿠구에서는 아기가 태어나면 장난감 미술관에서 나무 장난감을 선물한다. '아이를 키우면서 나무를 사용하자'는 '우드 스타트(Wood Start) 프로젝트'의 일환이다. 이 장난감들은 구청과 자매결연을 한 나가노현의 목재 업체에서 만든 것이다. 이처럼 장난감 미술관은 놀이와 예술을 결합해 지역사회와 협업하며 아이의 창조적인 성장을 이끌어내는 곳이다.

# 모두가 소통하는 공간

"대한민국 청소년은 갈 곳이 없다,

청소년수련관에 청소년이 없다."

청소년들이 갈 곳이 없어 길거리에서 방황하다가 비행 청소년이 되거나, 청소년 시기에 욕구를 발산하지 못하여 욕구 불만을 다양한 형태로 표출하는 문제가 많이 발생하여 사회문제가 되고 있습니다. 이러한 시기에 청소년들이 심신 수련을 하고자 해도 학업 등으로 시간이 여의치 않거나 상황이 여의치 않기 때문에 방학 기간을 활용하여 청소년수련관에서 체육 활동을 통해 정서를 함양하고 미래를 가꾸기 위해 노력하고자 하는 청소년들이 수련관 운영기관 및 운영자, 수련관 관리기관 및 관리자, 수련관을 이용하는 몰상식한 성인들로 인해 정당한 권리를 보호받지 못하고 있어 신고합니다.

고3 엄마가 되면서부터는 하나뿐인 아들이 잘못된 길로 빠지지 않을까 항상 노심초사하는 마음을 놓기가 어렵습니다. 대학 입시라는 틀에 갇혀 운동할 시간도 여의치 않아 방학 기간 동안 집 근처 청소년수련관에서 운동을 하고자 했는데 납득할 수 없는 상황에 직면했습니다. 어른들이 자체 동호회를 결성하여 이용하고 있으니 회원이 아니면 이용할 수 없다는 것입니다(당시 수련관 측에서 공지한 프로그램에는 '자유시간'이었음). (이하 생략)

당시 청소년수련관이라는 곳이 도무지 청소년의 권리도 찾을 수 없기에, 청소년수련관을 다시 돌려받기 위해 내가 2011년에 온라인에 쓴 글이다. 그 후 KBS 뉴스에서는 청소년수련관이 제대로 된 역할을 하지 못하고, 성인 동호회 회원들의 공간 대여 등으로 잘못 쓰이고 있는 실태를 취재하기도 했다. 청소년활동진흥법에 따르면 청소년수련관이란 다양한 청소년 수련거리를 실시할 수 있는 각종 시설 및 설비를 갖춘 종합수련시설을 뜻한다.

조금 넓게 동네를 살펴 보면 근처에서 청소년수련관이나 청소년문화의집을 찾을 수 있다. 우리 집 앞의 큰길 건너편에는 청소년수련관이 있었다. 이 청소년수련관을 둘러싸고 초등학교 2개, 중학교 1개, 고등학교 1개가 있고 반경을 조금만 넓히면 훨씬 더 많은 초·중·고등학교가 있다. 이 학생들이 이용할 수 있도록 여기에 청소년수련관이 위치한 것은 다행스러운 일이다. 하지만 나라에서 청소년수련관 운영비 전체를 지원해주지 않기 때문에 청소년수련관은 성인을 대상으로 영리 활동을 할 수밖에 없었다. 그래도 청소년이 이용하는 시간이나 공간을 분리해서 청소년수련관의 본래 취지에 맞게 운영되어야 했다.

청소년들은 기본적으로 돈이 없고 가정 형편이 어려운 아이들도 있다. 돈이 없는 청소년이 갈 수 있는 곳을 많이 만들어주어야 한다. 지자체에서 만들 수 있는 청소년 활동 시설에 청소년수련관과 청소년문화의집이 있다. 작은 규모가 청소년문화의집이고 큰 규모가 청소년수련관이다. 이를 확대하라고 하고 있지만 아이들이 투표권이 없어서인지 눈에 띄게 확대되지 않고 있다.

또 청소년 시설은 가장 좋은 공간으로 만들어야 한다. 아이들의 문턱이 높지 않아야 하고 무료로 이용할 수 있어야 한다. 청소년 수련 시설은 오전에 주민 교양 프로그램을 운영하는데 그럴 경우 마을 플랫폼이 된다. 이런 경우가 많아지면 아이들이 자기만의 아지트처럼 써야 하는 공간도 있어야 하는데 그냥 어른들과 같이 쓰는 장소에 불과해진다.

물론 청소년수련관이나 청소년문화의집과 같은 청소년 활동 시설은 청소년은 물론 주민들도 이용할 수 있다. 하지만 청소년들의 열린 문화 공간이라는 점을 간과해서는 안 된다.

# 청소년의 꿈터, 천호 청소년문화의집

 강동구에 있는 천호 청소년문화의집을 짓기 위해 각 분야의 전문가들이 모여 자문회의를 한 적이 있다. 서울에 있는 어느 청소년문화의집 관장은 1층에 사무실을 두어야 한다고 했다. 또 관리에 불편한 공간은 없애라고 했다. 관리자만 편하고 입구에서부터 아이들을 관리해야 한다는 생각뿐이었다. 들어가면 로비부터 막혀 있고, 관계자 외에는 다른 곳에서 대기하고 있어야 한다. 청소년을 위한 공간임에도 불구하고 아이들을 관리의 대상으로 생각하는 것이다.

 그 후 사례 조사차 그곳을 방문했는데 외부인은 들어갈 수 없고 폐쇄적으로 운영되고 있었다. 건축적으로도 각 층이 비상계단으로만 연결되어 있고 폐쇄적이었다. 비상계단으로만 다니니까 매우 답답했다. 층층이 단절되어 있고, 복도는 좁으며, 교실이 줄지어 있어 마치 학원 같았다. 프로그램만 운영하는 공간이지 아이들이 편하게 있을 수 있는 공간도 없었다. 그야말로 말만 청소년문화의집이다. 편하게 쉬면서 음료도 마시면서 농담도 하다가 집에 가야 하는데 그런 기능은 지하에 소굴처럼 되어 있었다. 앉아서 쉬는 곳도 골방처럼 되어 있고, 구석에 들어가서 아이들이 무슨 짓을 해도 알 수 없는 불안한 공간이었다. 단절되어 있고 사각지대가 너무 많았다.

 이런 곳이라면 아이들을 보내고 싶지 않은 공간이었다. 결국 딱딱하고 수동적인 청소년 문화 활동을 하게 될 것이라고 생각한다. 이와는 달리 공릉 청소년문화정보센터는 아이들이 직접 기획에 참여했고 지금은 마을 플랫폼이 되었다.

우리나라 아이들은 갈 곳이 없다. 마음껏 활동할 수 있는 공간이 없다. 어쩌면 지금의 우리나라는 비행 청소년을 만들 수밖에 없는 구조다. 그래서 아이들이 갈 곳을 만들어야겠다, 숨 쉴 곳을 만들어야겠다고 생각하면서 만든 곳이 강동구에 있는 '천호 청소년문화의집'이다.

아이들이 누릴 수 있는 문화 공간을 만들기 위해 1층은 전체를 비워서 교류 공간으로 만들었다. 햇빛이 잘 들고 공기도 잘 통하게 해 누구나 들어와서 즐길 수 있는 곳이다. 건물로 들어갈 수 있는 입구도 여러 곳이다. 1층에서 들어갈 수도 있고, 외부에서 2층으로 올라가는 계단을 통해 들어갈 수도 있다. 지하로 내려가서 들어갈 수도 있다. 지하 1층과 1층, 2층을 통해 건물 내부로 들어갈 수 있어서 편하게 들락날락할 수 있다. 운영자가 누구냐에 따라 운영상 불편하다고 입구들을 닫을 수도 있지만 항상 열려 있기를 기대해본다.

1층으로 들어가면 모든 층이 중앙에 있는 계단으로 오르락내리락할 수 있다. 전 층이 하나의 카페처럼 연결되어 있으니 자유롭게 다닐 수 있다. 놀든 공부하든 이야기하든 서로가 보여야 한다고 생각한다. 위에서 아래가 보여야 하고, 아래에서 위가 보여야 한다. 아이들이 문화

청소년들이 마음껏 활동할 수 있는 공간. 천호 청소년문화의 집(건축설계:여느건축 홍규선, 인테리어:
인굿디자인 강은정)

활동을 하는 것이 서로 공유되고 향유될 수 있어야 좋다고 생각하기 때문이다.

나 역시 어릴 때는 여러 군데에서 출입할 수 있는 공간이 좋았다. 재미있는 미로 같은 공간. 그런 입체적인 공간에 가면 놀고 싶고, 머물고 싶었다. 어릴수록 공간에 대한 호기심이 많다. 아이들이 책상 아래에 들어가서 놀고 싶어 하는 것과 같은 맥락이다. 아이들은 자기만의 아지트를 만들고 싶어 하는 본능이 있는데, 이와도 연관이 있다.

또 모든 공간은 중앙 계단에 속해 있는 공간을 통해 연결되는데, 계단을 통해 전 층을 크게 연결했다. 계단은 서가처럼 앉아서 책도 볼 수 있도록 했다. 또 청소년문화의집은 청소년 문화카페다. 진짜 그렇게 되려면 벽이 없어야 하기 때문에 내부가 미로처럼 되어 있다. 그런 공간적인 욕구를 담도록 했다. 아이들에게 학습이 용이할 수 있도록, 학습이 아이들의 일상이 되도록 한 것이다.


청소년문화의집은 학교 밖에 있는 공간이다. 청소년들이 자신의 미래에 도전할 수 있는 공간이 될 수 있어야 한다. 학교에서나 집에서나 지시를 받는 위치에 있는 아이들이 스스로 하고 싶은 것을 찾아내고 스스로 시도할 수 있는 공간이 되도록 많아야 한다.

우리 사회에는 청소년들이 실패를 두려워하지 않고 안전하게 실패할 수 있는 환경이 더 필요하다. 그림 한 장 더 그리고, 제품 하나 더 만들었다고 해서 창의력이 생겼다고 할 수는 없다. 청소년문화의집을 거친 아이들이 어른이 되어 사회의 크고 작은 변화를 만들어내고 그 변화가 새로운 사회를, 새로운 공간을 만드는 힘이 되었으면 한다.

# 책을 싫어하는 아이도 책을 읽게 만드는 도서관

●        "오늘의 나를 있게 한 것은 우리 마을의 도서관이었고, 하버드 졸업장보다 소중한 것은 독서하는 습관이었다."

마이크로소프트의 창업자인 빌 게이츠의 말이다. 그는 독서광이었다. 빌 게이츠뿐 아니라 마크 저커버그, 워런 버핏, 일론 머스크 등 세계적인 부자, 성공한 사람들의 공통점은 다독가라는 점이다.

빌 게이츠의 어린 시절에는 늘 책을 읽어주던 외할머니의 독서 교육이 있었다. 어렸을 때는 1년에 300권 이상 읽었고 지금도 매년 50권 이상 읽고 있다고 한다. 그는 어린 시절을 회상하면서 가장 기억에 남는 것은 독서하는 습관을 가지게 된 것이라고 말한다. 또한 가장 기억에 남는 장소는 자신의 성공에 디딤돌이 되었던 동네 도서관이라고 한다. 이 얘기를 하는 이유는 빌 게이츠도 동네 도서관을 다녔다는 말을 하고 싶어서다. 교육에 좋다는 책을 다 사줄 수는 없다. 아이에게 독서 습관을 만들어주는 가장 좋은 방법은 도서관에 가는 것이다.

## 가고 싶은 도서관, 둔촌도서관

우리 주변에 있는 몇몇 공공 도서관을 가보면 책을 읽고 싶은 마음이 생기지 않는다. 나 역시 도서관을 이용하면서 느낀 점과 그동안 좋은 평가를 받은 도서관을 보면서, 책을 읽지 않는 사람들도 도서관에 오도록 하고 싶었다. 그렇게 해서 탄생한 것이 강동구에 있는 둔촌도서관이다.

둔촌도서관 이외에도 강동구에 있는 성내도서관, 점자도서관 등도 자문했다. 이 중에는 신축도 있고 리모델링도 있는데 공통점은 책을 많이 읽지 않는 사람들이 설계를 하고 있다는 것이다. 심지어 1년에 도서관을 한 번도 이용하지 않는 사람도 있다. 아이들과 함께 도서관을 가본 적이 없는 사람도 있다는 것에 놀라기도 했다.

사실 둔촌도서관은 실내 공간에 대한 디자인을 디자이너 스스로 여러 차례 바꿔가면서 완성했다. 이런 노력 덕분에 둔촌도서관은 도서관을 들어가는 입구부터 도서관의 테마도 남다르다. 둔촌도서관은 3층

책을 싫어하는 아이도 책을 읽게 만드는 둔촌도서관(건축설계:명지대학교 이명주+제드건축사사무소
조중석, 인테리어:인굿디자인 강은정)

규모로 1층에는 어린이 자료실인 '치유놀이터'가 있다. 숲속에 아이들의 눈높이에 맞는 낮은 서가, 구름 모양의 조명, 오두막집, 동물 인형, 만화 캐릭터가 가득하다.

2층에는 청소년과 성인들의 자료실인 '치유오솔길'이 있다. 서가로 이루어진 숲길을 산책하듯이 즐길 수 있는 공간, 1인용 책상, 다인용 책상, 장애인 책상, 예쁜 조명, 여유롭게 앉아서 독서할 수 있는 공간도 있다. 스터디룸도 있는데 스터디룸은 이른 아침부터 자리가 없을 정도다. 혼자만 앉을 수 있는 칸막이 자리, 카페처럼 환하고 널찍한 테이블 등 여기 앉았다 저기 앉았다 옮겨 다니면서 책을 읽고 싶은 사람들에게 더없는 장소다.

3층에는 마음을 위로하는 맞춤형 책 처방을 해주는 '치유책장'이 있다. 창을 통해 따스한 햇살이 비치고 북카페처럼 꾸며져 있다. 폴딩도어를 열면 외부 데크와 자연스럽게 연결된다. 앉는 방식도 다양하다. 여유롭게 책을 고르고 자유롭게 읽을 수 있는 공간이다.

옥상은 일자산과 보훈병원의 전망을 한눈에 감상할 수 있는 공간이다. 옥상정원은 치유책장과 연결된 강연장이자 쉼터다. 숲을 바라보며, 그네에 앉아서 독서를 즐길 수 있고, 공연장 객석과 같은 계단 등 어느 곳에서나 책과 함께할 수 있다

책으로 채워진 서가와 책상과 의자가 있는 열람실로 꽉 찬 기존 도서관과 달리 둔촌도서관은 열린 공간으로 만들어졌다. 여유 공간에는 희망 글귀, 예쁜 그림, 추천 도서를 배치해서 일상생활 속의 치유를 도와준다.

여기에 오면 책을 읽지 않는 아이도 하루 종일 책을 읽는다. 이런 공간에 있으면 책을 읽고 싶어진다. "집에서 책 잘 안 읽는 우리 딸, 오늘 도서관 와서 신명나게 읽었습니다. 이런 식으로 세금이 쓰이는 건 두 팔 벌려 환영합니다." 한 시민이 운영하는 블로그의 글이다. 공간을 통해 독서 습관이 만들어지고 있음을 시사한다.

공공 도서관은 다른 무엇보다 접근성이 좋아야 한다. 공공 도서관 하나를 크게 짓고 많은 장서를 보관하는 것보다 작아도 많이 짓는 게 낫다. 우리나라의 공공 도서관을 비롯해서 공공 건물은 경쟁하듯이

마음을 위로하는 둔촌도서관(건축설계:명지대학교 이명주+제드건축사사무
소 조중석, 인테리어:인굿디자인 강은정)

크게만 짓는다. 그러나 멀리 있는 국립중앙도서관 1개보다 가까이에
있는 작은 도서관 수백 개가 더 필요하다. 50만 권짜리 도서관 하나보
다 5만 권짜리 도서관 10개가 분산되어 있는 것이 훨씬 좋다. 공공 건

축물은 작게 쪼개서 우리 생활과 밀접하게 관계를 맺도록 해야 한다.

가까이 있는 도서관이 가장 좋은 도서관이다. 도서관의 규모나 시설도 중요하지만 무엇보다 가까이에 있어야 한다. 아이들에게는 더욱 그렇다. 그러나 우리나라의 공공 도서관은 가까이에 있는 것이 아니다 보니 이용이 쉽지 않다. 사람과 사람이 만날 수 있는 공공 공간은 국가에서 책임지고 지속적으로 늘려야만 한다. 이른바 지역 밀착형 생활 인프라 확충을 통한 공간 복지다.


## 소통과 힐링의 공간 '다독다독(多讀茶篤)'


'카공족'은 카페에서 공부하는 사람들을 말하는데, 이들이 카페를 찾는 이유가 있다. 카페에는 많은 사람들이 있기 때문에 관중 효과로 인한 능률 상승을 기대할 수 있다. 또 적당한 소음으로 인해 공부가 잘된다. 공부할 때 소리를 내는 습관이 있는 사람들은 적당한 소음을 낼 수 있다. 도서관보다 밝고 변화감 있는 공간이다. 게다가 도서관은 멀지만 카페는 어디에나 있다.

답답한 도서관보다 열린 카페를 선호하는 사람들을 위해 강동구에서는 일상에서 차와 책을 통해 사람과 사람이 소통하고 힐링할 수 있는 북카페 도서관 '다독다독(多讀茶篤)'을 조성했다. 어른을 위한 독서

강동구 다독다독 1호점. 차를 마시며 책을 읽을 수 있는 공공 북카페(인테리어:인굿디자인 강은정)

공간, 어린이를 위한 책 놀이터를 확충한 것이다.

　기존 도서관이 책으로 가득 채워진 서가와 숨죽이고 책을 보는 열람실로 나뉘어 있다면, '다독다독'에서는 아이들도 자유롭게 책을 가져와 사람들 속에서 즐겁게 즐긴다. 조용한 분위기의 침묵해야 하는 도서관과 달리 다독다독에서는 차를 마시며 담소를 나눌 수 있다.

　공간을 다양하게 만들었기 때문에 취향에 맞는 공간에서 책을 읽고 차를 마시면서 위로를 받는다. 전문가가 아니면 관심 갖기 어렵거나 인생의 다양한 문제에 해결 방향을 제시하는 독서의 즐거움을 주는

강동구 다독다독 2호점. 고분다리 전통시장의 공공 북카페

북 큐레이션도 다양하게 운영되고 있다.

　다독다독 2호점은 고분다리 전통시장 안에 있다. 시장 안에 무슨 도
서관이냐고 하는 시민도 있었다. 하지만 지금은 자유롭게 소통하고
여유롭게 휴식할 수 있는 공간으로 전통시장 상인들과 시민들에게 사
랑을 받고 있다. 아이와 함께 시장에 갔다가 책을 볼 수도 있고, 물건
을 사다가 화장실을 갈 수도 있다. 백화점에 가면 카페도 있고 화장실
도 있는데 전통시장에는 없다. 아이들과 함께 시장에 가면 곤란한 상

황이 생길 수 있는데 북카페 도서관을 만들면서 그런 문제들이 해결된 것이다.

다독다독 2호점은 입구부터 카페와 같은 디자인으로 시선을 끈다. 전체적으로 온화한 색채, 나무 책장 때문에 따뜻하고 부드러운 공간이다. 이곳에 들어서면 전체 구조는 카페와 유사하다. 다만 한쪽에 서가가 있고 책이 꽂혀 있다는 것이 큰 차이다. 잠깐 앉아 있다 갈 수 있도록 입구 쪽에는 테이블을 배치했다. 공간에 들어서면 절로 책을 보고 차도 마시고 싶은 마음이 들 정도다.

앉아 있다가 눈을 돌리면 책들의 제목으로 자연스럽게 눈이 간다. 서가마다 조명을 매립해 시선을 유도하고 집중력을 높여준다. 도넛 모양 조명, 원형 조명, 펜던트 조명과 같이 다양한 조명은 아이들의 호기심을 끌기에 충분하다. 바쁜 일상으로 도서관에 가기 어려운 상인들에게는 이곳이 지식 발전소가 될 수 있다. 언제 어디서나, 누구나 독서를 통해 마음의 치유를 받을 수 있도록 해야 한다.

카페와 같이 개방된 곳에서 공부나 업무가 잘되는 것을 가리켜 '커피하우스 이펙트'라고 한다. 북카페 도서관은 커피하우스 이펙트를 잘 누릴 수 있는 공간이다. 전통시장의 MVG 라운지이면서, 놀이 공간도 된다. 시장의 먹거리와 연계한 요리책을 소개하기도 한다. 카페는 오다가다 커피를 살 수 있도록 테이크아웃 코너도 만들었다. 벤치 하나 없는 시장에서 길가에 앉을 수 있는 공간이 생긴 것이다. 시장을 바꿀

성동구청 1층에 마련된 책마루

수 있는 북카페가 되길 바랐고, 온 가족이 함께 시장에 가서 즐길 수 있는 공간이 되었으면 한다.

이곳은 어떤 전통시장에 미술관과 요리 스튜디오, 놀이방이 있는 것에서 아이디어를 얻어 시도한 것이다. 이제 틀에 박힌 사고가 아니라 공공에서도 민간 마인드로 공간을 만들어야 한다.

　성동구청에는 '책마루'라는 공간이 있다. 책을 찾는 사람들이 줄어들고, 돈을 내야 앉을 수 있는 공간뿐인 요즘에 구청을 시민들에게 내준 것이다. 사람들이 책과 가까워질 수 있는 공간, 공짜로 머물 수 있는 공간을 만들었다. 특히 책을 누워서도 볼 수 있고, 비스듬히 앉아서도 볼 수 있고, 서서도 볼 수 있는 등 다양한 체험을 할 수 있는 공간으로 말이다.

# 미술관, 아이의 행동에 변화를 주는 공간

●        아이가 어린 시절 서울에 있는 미술관, 박물관, 전시관 등을 내 나름대로 조사하고 주말마다 한 곳을 골라서 아이와 함께 다녔다. 수도권이 아니더라도, 지금 살고 있는 곳을 중심으로 대중교통으로 30분 이내의 거리에 있는 박물관과 미술관 등을 두루 찾아보면 멀리 가지 않더라도 아이와 갈 수 있는 곳이 제법 많다.

대부분의 사람들이 집 근처에 어떤 미술관, 박물관, 전시관이 있는지도 모르고 살고 있거나 큰 관심도 없다. 아이와 같이 갈 수 있는 곳은 아는 만큼, 찾는 만큼 보인다. 부디 많은 부모가 아이의 성장기에 문화 공간에서의 경험이 얼마나 중요한지를 알게 되었으면 좋겠다.

특히 나라에서 운영하는 국립박물관이나 미술관은 입장료가 무료

이거나 비용이 저렴하다. 많은 부모들이 아이들을 데리고 시간을 보낼 곳이 마땅치 않아 키즈 카페에 많이 가는데 그런 곳은 한 번 가면 1만 원, 2만 원은 우습게 지출해야 한다. 하지만 이러한 미술관과 박물관은 저렴한 입장료로 한 번 입장하면 시간제한 없이 아이와 마음껏 시간을 보낼 수 있다.

박물관은 모든 도시에 있다. 우리 주변에도 이런저런 다양한 박물관과 미술관이 굉장히 많다. 찾다 보면 이렇게 많은지 몰랐을 정도다. 기업에서 운영하는 시설까지 포함하면 우리가 사는 곳에서 반경 10km 이내에 갈 곳도 꽤 많다. 또한 서울 삼성동 코엑스만 잘 살펴봐도 1년 내내 다양한 전시가 열려서, 미리 알아보면 아이와 함께 방문하기에 좋다.

강원도 영월은 '박물관 도시'라고 불릴 정도로 다양한 박물관이 있다. 영월곤충박물관, 조선민화박물관, 동강사진박물관, 라디오스타박물관 등 아이들과 함께 가면 좋은 곳이 많다.

개인적으로 약간 아쉬운 건 어린이와 청소년의 입장료를 무료로 하면, 좀 더 아이들의 방문 문턱을 낮출 수 있지 않을까 하는 것이다. 또 한 가지 아쉬운 건 미술관, 박물관, 전시관은 어린이가 주요 고객이 되어야 하는데, 버스정류장이나 지하철역과 같은 대중교통보다는 자가용 방문 위주로 위치가 선정되어 있어, 시설은 굉장히 좋지만 접근성이 떨어지는 곳이 아직 많다는 점이다.

# 어릴수록 예술에서 받는 자극이 크다

예술은 어린이에게 상상력을 준다. 나는 프랑스 루브르박물관을 처음 갔을 때 모나리자 앞에 있는 프랑스 아이들을 보면서 부러웠다. 평생 한 번 볼 수 있을까 말까 한 〈모나리자〉를 저렇게 어린 나이에 어렵지 않게 보러 갈 수 있다니. 프랑스 사람들은 어릴 때부터 예술을 일상생활 속에서 접하기 때문에 예술적 DNA를 가질 수밖에 없다. 아마도 이런 환경이 문화예술도시 파리를 만드는 근간이 되었을 것이다. 내 아이를 예술가로 키우지 않더라도 살아가며 삶을 다채롭게 만들수 있게끔 하는 예술적 감성은 아이 성장기에 꼭 필요하기에 미술관 교육은 그만큼 중요하다.

미술작품을 꼭 미술관에 가야만 감상할 수 있는 것은 아니다. 담장이나 창문을 통해 볼 수 있는 거리의 갤러리, 동네 미술관도 아이에게 직접적으로 영향을 준다. 동네에 미술관이 있다면 등교하면서 오다가다 새로운 전시를 소개하는 내용도 볼 수 있다.

서촌에 가면 미술관의 한 모퉁이를 통해 내부가 살짝 보이는 곳에 작품을 전시한 곳이 있다. 지나가는 사람들도 볼 수 있지만 내부가 궁금하면 들어와서 보라는 뜻이다. 코로나로 인해 미술관도 못 가고 야외 활동에 제약을 받을 때에는 집 앞의 거리도 아이에게는 좋은 갤러

일본 도카마치시 도이치역에 있는 JR 공공 미술프로젝트. 그림책 원화가 전시된 창고 미술관 '키스앤 굿바이'는 아이들의 감성을 자극하는 외관 디자인으로 아이들에게 인기가 많다.

리가 된다. 이런 의미에서 공공 미술 프로젝트가 거리를 갤러리로 만드는 것에 큰 도움이 되었다. 물론 공공 미술은 단순히 담벼락에 그림을 그리는 것이 아니라, 예술적 가치가 있는 그림을 남기는 것에 그 의미가 있다.

# 미술관은 건물 자체가 예술품이어야 한다

아이와 함께 미술관이나 박물관을 방문한다고 가정하자. 그 미술관 건물을 만나는 순간부터 관람은 시작되어야 한다. 건물이 먼저 아이에게 감동을 줄 수 있어야 한다는 뜻이다. 만약 당신이 이번 주에는 미술관, 다음 주에는 박물관, 그다음 주에는 과학관 등을 방문한다면, 어떤 곳을 가도 실제로 건물이 주는 감동은 거의 없다. 미술관, 박물관, 과학관 모두 거의 똑같은 네모난 건물이기 때문이다. 실제로 국립중앙박물관, 국립중앙과학관, 국립현대미술관 건물의 외형적 차이가 크지 않다는 뜻이다. 그러니 예술 공간을 접한다고 해도, 건물을 처음 봤을 때부터 건물의 특색이나 차이가 크게 느껴지지 않으니 아이의 호기심이나 상상력도 쉽게 생기기가 어렵다.

미술관이나 박물관은 건축가의 예술성이 극대화되는 영역이기 때문에 그 자체가 작품이 되어야 한다. 예전에 무형문화재 전수관을 자문하는데, 마치 공장처럼 설계한 것을 본 적이 있다. 아마도 무형문화재의 특성에 대해 전혀 몰라서 건축가가 이런 설계를 하지 않았나 싶었다. 무형문화재 전수관을 왜 지어야 하고, 어떻게 지어야 하는지도 모르는 사람이 설계했을지도 모른다는 생각이 들었다. 무형문화재의 분야마다 크기, 방음 등 요구되는 공간의 조건이 각각 다른데 어떻게 이렇게 동일한 규모로 배분했는지, 그저 놀라울 따름이었다.

다시 근본적인 질문을 던져본다. 왜 우리는 미술관에 갈까? 예술가의 눈을 통해 세상을 바라보고 감동을 받기 위함이다. 미술관에 있는 모든 작품을 완벽하게 이해할 필요는 없다. 그렇다면 우리는 왜 전시를 보러 가는 걸까? 왜 〈모나리자〉를 보러 루브르박물관까지 가야 할까? 미술관은 작품을 위한 공간으로, 관람자가 작품에 집중하기 좋은 공간이다. 작품이 있는 공간의 색채, 조명 등이 작품에 몰입할 수 있도록 돕는다. 그래서 컴퓨터나 휴대전화로 보는 것보다 흡인력 있는 전시를 경험할 수 있는 것이다. 그런 특별한 체험과 경험의 공간이 바로 미술관이고 박물관이다. 예술 공간은 단순히 예술작품을 전시하는 공간을 넘어서 철학, 역사, 사회, 심리, 과학 등의 학문과 결합하여 관람하는 사람들에게 영감을 주는 공간이다.

그래서 미술관은 건물 자체도 예술품이 되어야 하는 것이다. 또한 이런 공간은 도시의 문화예술적 수준을 보여준다. 예술가가 예술작품을 만들기 전에 입찰을 하지 않듯이 미술관을 짓는 데 입찰을 해서는 안 된다고 생각한다. 건설사가 미술관을 설계하고 시공하는 방식으로 예술적 가치를 과연 높일 수 있을까? 우리에게 알려진 유명 미술관들의 설계는 건설사가 아니라 건축가에 의해 이루어졌다.

부산시의 현대미술관은 외관에 대한 논란이 많았다. 한 시민은 "처음에는 무슨 공장 같기도 하고, 복지회관 같기도 했다"고 했고, 다른 시민은 "사람마다 보는 눈이 달라 모르겠지만, 현대 미술을 전시하는 공간

건물 자체가 예술품이 된 빌바오의 구겐하임미술관

이라면 좀 달라야 하지 않나 하는 생각이 들었다"고 말하기도 했다. 만약 미술관 설계를 발주하는 과정에서 건물이 아니라 예술품으로 접근을 했더라면 이런 식으로 지어지지는 않았을 것이다. 우리가 미술관 내부를 관람하는 경우보다 지나치면서 미술관 건물을 보는 기회가 훨씬 더 많다는 것을 생각했다면, 이런 방식의 발주는 하지 않았어야 한다.

뉴욕의 구겐하임미술관이나 빌바오의 구겐하임미술관은 그곳에 있는 작품을 보러 가지 않아도 건축물만으로도 예술작품을 감상하고 있는 것 같다. 뉴욕 센트럴 파크 주변의 격자형 도시의 네모난 건물들 사이에 위치한 원형 건물이 구겐하임미술관이다. 내부로 들어서면 중앙이 뚫려 있고 나선형 경사로를 따라 작품이 배치되어 관람하기 좋은 미술관이다. 건축물의 독창성을 인정받아 유네스코 세계유산으로 지정되었고 지금도 전시가 끊이지 않고 있다. 우리나라는 왜 이런 미술관을 가지지 못하는 것일까.

## 아이의 눈높이에 맞는 미술관이란

'세리 키즈', '연아 키즈', '찬호 키즈' 등 키즈 전성시대다. 얼마 전에 〈유 퀴즈 온 더 블럭〉이라는 TV 프로그램에서 2009년 나로호 발사 때 구경 왔던 고등학생이 그날 이후 꿈을 키워 결국 항공우주연구원이 되었다는 소식을 접하고 매우 놀랐다. 어릴 때 받은 자극을 자신의 꿈으로 연결한 것이다.

'빛과 공간의 예술가'로 알려진 제임스 터렐의 작품을 보면서 어떻게 이런 생각을 했을까 하고 궁금했는데, 알고 보니 그는 지각심리학과 미술학을 전공한 사람이었다. 아이들의 생각과 꿈도 사는 동안 꾸준히 연결되고, 또 빛을 발현한다. 그러기 위해서는 아이들이 늘 좋은 자극을 받고 생각을 키울 수 있는 환경으로 어른들이 인도해주어야 한다.

국립중앙박물관 어린이박물관(사진: 국립중앙박물관 제공)

어릴 때 부모와 미술관에 가서 재미없었던 경험을 하면 성장한 후에도 미술관을 찾지 않게 된다. 잘못된 경험이 자칫 아이를 예술과 거리를 두게 만든다. 그래서 무조건 유명하다는 곳보다는 아이의 연령대에 맞는 예술 공간이 있다면 그런 쪽으로 먼저 찾아보는 편이 좋다. 보통 아이들은 미술관에 처음 들어갔을 때 거대한 공간에 두려움을 느끼기 쉽다. 어린이의 신체에 맞는 공간감이 필요하기 때문에 작은 공간이 좋다.

그래서 일반 미술관에서도 아이를 위한 어린이 미술관을 따로 두는 것이 옳다고 본다. 아이들을 데려온 부모들은 아이들이 미술관에서 장난을 치거나 다른 사람들이 작품 감상하는 것을 방해하지 말게끔 주의를 준다. 그런데 이보다 아이들 눈높이에 맞는 공간을 먼저 제공하는 것이 제대로 된 순서가 아닐까. 아이들은 결코 침묵하고 얌전히 있을 수 없다. 전시된 작품을 만지기도 하고, 앉기도 하고, 체험할 수 있어야 한다. 아이들의 눈높이에 맞는 미술관이 필요하다.

미술관은 아이들이 마음껏 즐길 수 있는 놀이 공간이 되어야 한다. 그런데 '손대지 마세요. 눈으로만 보세요'라는 안내판을 볼 때마다 가만히 있지 못하는 아이들의 손과 발을 묶을 수도 없는데 어쩌란 말인가 싶다. 아이들이 오는 것이 당연한 공간인데 오히려 아이들을 데려오지 못하게 한다.

서울 성동구에 있는 '헬로우뮤지움'은 어린이 중심 미술관이다. 동네 미술관이라고 부르지만 수준은 국가 미술관급으로, 아이들에게 좋은 공간이다. 이곳은 작품을 아이들의 눈높이에 맞추어 낮게 건다. 아이들이 이해하기 쉽게 작품을 설명하고 전시한다. 3~8세를 대상으로 전시를 통해 예술적 감성을 키우고, 보고, 체험하고, 표현하는 교육 프로그램을 운영하기도 한다.

우리 아이는 어릴 때 "왜 학교에서는 예술작품을 볼 수 없을까요? 그림을 보려면 왜 미술관을 가야 하나요?"라는 말을 자주 했다. 나는 왜 살면서 이런 생각을 해보지 않았을까. 나는 미술관에서 작품을 보

골짜기 지형과 일체화된 이우환미술관(사진:山本糾)

는 행위에 집중하는데, 아이는 작품이 아니라 공간에 대해 생각했다. 사실 그 순간이 바로 내가 '문화로 행복한 학교 만들기'를 시작한 이유가 됐다. 학교가 문화예술 공간이 되었으면 좋겠다는 아이의 말이 가슴에 화살처럼 꽂혔다. 나이가 들면서 미술작품을 미술관에서 보는 것을 당연하게 받아들이는 고정된 사고를 했던 나 자신이 부끄러워졌다.

일본 나오시마에 있는 지중미술관은 땅속에 있다. 미술관 건축물로 인해 섬의 경관을 훼손하지 않기 위해 땅속에 건물을 넣었다. 건물이 외부에서 보이지 않지만 내부로 들어가면 공간을 느낄 수 있다. 지중미술관에서 길을 따라 걸어가다 보면 골짜기와 같이 움푹 들어간 곳에 이우환미술관이 자리하고 있다. 입구를 찾기 힘들 정도로 건물은 지형과 하나가 되어있다.

지중미술관은 위에서 아래로 끼워 넣었다면 이우환미술관은 옆으로 밀어 넣은 느낌이다. 건물의 외관을 드러내지 않고도 작품이 되는 미술관이다. 우리의 후손에게 빌린 산이나 골짜기와 같은 자연지형을 어떻게 다루어야 하는지를 알려주고 있다.

일본의 가나자와에 있는 21세기 미술관은 가나자와의 초·중학교에 다니는 아이들에게 무료로 관람할 수 있도록 했다. 이처럼 아이들이 스스로 미술관을 방문할 수 있도록 사회가 환경을 만들어주는 것도 필요하다.

# 아이들과 함께 제대로 관람하고 즐기는 법

어떤 교육이든 아이들이 직접 체험하게끔 하는 것이 중요하다. 체험학습을 운영하는 박물관이 많지만 실제로 박물관에서 할 수 있는 체험들을 보면 아이들이 흥미를 느끼기에는 부족한 면이 있다.

나는 종종 국립중앙박물관에 간다. 관람이 시작되는 오전 10시에 가면 주말에도 한산하다. 평일에 방문하는 것도 좋다. 사람들의 방해를 받지 않고 여유 있게 관람할 수 있다. 한 번에 다 보기 힘들기 때문에 여러 번으로 나누어서 본다. 한국적인 것에서 한국적 DNA를 발견한다. 한국적인 패턴, 오방색, 항아리의 선형, 기와의 곡선 등을 현대에 적용해도 손색이 없다.

박물관을 둘러보는 것은 책을 읽는 것과도 비슷하다. 마치 책의 목차를 보듯이 일단 전시실을 전체적으로 가볍게 둘러보고 체계와 분위기를 파악한다. 다시 구체적으로 보고 싶은 전시실이나 유물을 중심으로 살펴본다. 어떤 것은 소개 글을 자세히 읽기도 한다. 어떤 곳은 여러 번 보기도 한다. 같은 책이라 하더라도 처음 볼 때와 두 번째 볼 때가 다르듯이 안 보이던 것이 보인다. 새로운 것이 보이기도 한다.

아이와 같이 가는 경우 내 아이가 역사학자가 될 것이 아니라면 하

국립중앙박물관 어린이박물관(사진:국립중앙박물관 제공)

나하나 자세히 보는 것보다 가볍고 다양하게 보는 것이 좋다. 자세한 내용이 필요할 때는 꼼꼼히 보면 된다. 처음부터 교과서 보듯이 보면 아이는 지루함을 느껴 다시 오고 싶은 마음이 들지 않을 것이다.

박물관은 아이들이 평소 접하기 어려운 다양한 분야의 탐구력, 호기심을 자극하는 곳이다. 평소에 볼 수 없거나 지금은 볼 수 없는 사물이나 동물 등을 실물로 볼 수 있는 곳이다. 아이를 박물관에 데리고 가는 것은 아이에게 역사책을 읽히는 것과도 같다.

역사적인 장소에서는 문화해설사의 설명을 듣는 것도 좋은데, 아이와 같이 갔을 때 선택하면 좋다. 전주 한옥마을에 있는 경기전에 간 적이 있다. 문화해설사 프로그램을 따라 답사했는데 문화해설사께서 '어진'에 관심이 많았는지 30분 이상을 어진에 대한 설명으로 채웠다. 같이 설명을 듣던 무리 중에는 아이들도 있었는데 얼마나 지루했던지 나중에는 출발 인원의 반도 남지 않았다. 설명이 지루하면 안 된다.

미국의 박물관들은 기본적으로 아이들을 위한 곳이다. 아이가 있는 가족이 놀러올 수 있도록 여유 있는 공간으로 되어 있고, 전시가 아이들의 눈높이에 맞추어져 있다. 아이들을 위한 공간이 많고, 심지어 어린이 놀이터도 있다. 아이들이 쉽게 방문할 수 있도록 접근성도 좋은 곳에 있다.

워싱턴D.C.에 있는 스미스소니언박물관은 박물관이 아이들에게 좋은 장소라고 생각해 어린이관(Children's Room)을 만들었다. 배우고 탐구하고 호기심을 충족시키는 곳이다. 특히 새로운 것을 보면 만지고 싶어 하는 아이들의 욕구를 잘 충족시킨다. 박물관에서 본 것과 일상생활에서 본 것의 연관성을 찾게 되면 유연한 사고 능력과 연관성을 찾는 능력이 길러진다.

박물관에 가면 관람 태도가 제각각이다. 선생님을 따라온 아이, 부모님을 따라온 아이. 혼자 온 아이는 거의 없다. 어른들은 아이들에게 하나라도 더 보여주려고 애쓰고, 아이들은 질질 끌려 다닌다. 하지만 박물관은 어렵고 딱딱한 공간이 아니기에, 좀 더 편안한 마음가짐으로 관람해도 충분하다. 한 브랜드의 역사와 정체성이 응축된 자동차 박물관도 훌륭한 교육 공간이 될 수 있다. 차를 좋아하지 않더라도 어디서 어떻게 둘러보느냐에 따라 놀이공원처럼 유쾌하게 즐길 수 있다. 박물관은 평소 우리가 보지 못한 것에 대해서 발견하고 볼 수 있다. 이런 경험은 아이의 언어 능력과 복잡한 사고 능력을 키운다.

아무리 훌륭한 유물이라도 인터넷 이미지보다는 직접 보고 만져보는 경험을 따라갈 수 없다. 사진은 평면적이지만 현장은 입체적으로 체험할 수 있다. 이런 경험이 상상력을 유발한다. 박물관은 우리에게 살아 있는 공간이다.

# ⓞ+2 아이와 함께 보기 좋았던 전시 추천

다음은 아이와 함께 보며 좋은 경험을 쌓았던 전시에 대해 소개한다. 사실 어떤 전시가 좋다고 규정하는 것은 아니고, 그저 참고만 하면 좋을 듯하다.

〈퓰리처상 사진전〉은 찰나의 순간을 담은 사진 한 장으로 역사 교과서를 보는 듯하다. 역사의 순간을 간접 경험할 수 있다. 누군가의 렌즈를 통해 전쟁, 기근, 재해, 시위 등이 반복되는 역사를 촬영하며 살아 있는 우리가 어떤 과제를 해결해야 하는지를 알려준다. 생명의 위험이 있음에도 불구하고 많은 사람들에게 현장을 알리기 위해 카메라를 놓지 않았던 작가정신이 느껴진다. 사진 앞에서 한참을 바라보니 그 현장의 파노라마가 눈앞에 펼쳐지는 듯하다.

〈키스 해링전〉은 미술관 전체가 교육의 장이 된 것 같았다. 미술관은 아이들의 재잘거리는 소리로 가득했고, 그림 특유의 굵은 선, 강렬한 색, 재미있는 형태는 아이들의 마음을 빼앗기에 충분했다. 그림이 단순하고 친숙해서 아이들이 관심 있게 바라보고 좋아하는 것 같았다. 자기가 하고 싶은 것을 그림으로 표현하는 방법을 알게 해주는 작품이다. 어른인 내가 보아도 색이 예쁘다. 지금도 그 작품들은 내 머릿속에 남아 있다.

키스해링전. 아이들의 뇌를 말랑말랑하게 만들어준다.

특히 아이들이 사용하는 공간을 디자인할 때 많이 적용한다.

70세의 고령에 '신진 작가'가 된 〈로즈 와일리전〉도 영감을 주었다. 와일리는 남편이 죽고 자식이 성장한 후 작가로서의 삶을 살면서 작품을 남기게 되었다. 신문·TV의 일상에서 영감을 얻어 유쾌하고 생동감 있는 그림을 그렸다. 손으로 그리는 터치에서 아이와 같은 동심이 느껴졌다.

발렌시아의 〈시티 오브 아츠 앤 사이언스(City of Arts and Science)〉는 인체와 해양 생물에서 영감을 받아 건축 기술과 창의성이 집약된 공간이다. 인체에서 모티브를 따온 디자인, 고래를 형상화한 디자인의 건축물과 인공 호수가 어우러져 바다를 연상시킨다. 건축물이 가지고 있는 구조의 아름다움을 잘 표현했다. 스페인의 건축가 산티아고 칼라트라바의 작품이다.

아이들은 작가나 작품에 대한 정보가 없거나 많지 않기 때문에 솔직하다. 사전에 정보가 많으면 많을수록 오히려 감상을 하는 데 방해가 될 수 있다. 성인이 되어 명화를 보게 되면 학창 시절 책에서 보았던 작품을 확인하는 수준으로 감상하게 된다. 하지만 어린아이들은 작품을 보면서 작가나 작품에 대한 정보를 먼저 떠올리지 않는다. 고학년이 될수록 작품을 보지 않고 머리로 생각한다. 작품 자체를 보는 것이 필요하다. 작품 감상에는 정답이 없다.

# URBAN SPACE
# CULTURAL SPACE
# EDUCATIONAL SPACE
# LIVING SPACE

# 4

## 아이의
## 미래를
## 만드는 곳

### 도시공간

# 좋은 디자인은 긍정을 낳는다

● 　　　　2050년경이 되면 인구의 60% 이상이 도시에서 살게 될 것이다. 사람들은 스스로 만들어낸 인공 환경 속에서 인생 대부분의 시간을 보내게 된다. 병원에서 태어나 학교에 다니고, 아파트에 살다가 병원에서 눈을 감는다. 그런데 이렇게 사람이 일생을 보내는 건물들은 그저 짓는 데 급급한 건축물이 대부분이다.

완성된 건축물은 누군가가 내린 결정의 결과물이다. 그런데 건축물의 형태와 내부 등이 모두 결정되기 전에 결정권자가 과연 많은 고민을 하고 진행을 한 것인지는 잘 모르겠다. 하지만 확실한 것은 어디에 어떤 건축물을 지을 것인가에 대한 고민과 결정이 앞으로도 여러 세대에 걸쳐 수백만 명 이상의 삶에 영향을 미친다는 점이다.

녹지와 건축, 사람이 어우러지는 풍경. 좋은 디자인은 사람을 모이게 한다. 타임빌라스의 모습

　지금 고개를 들어 주변을 한번 살펴보자. 무엇이 보이는가? 아마도 사람마다 다를 것이다. 주변 환경에 따라 사람들의 일상은 달라지고, 또 주변 환경에 어떤 건물과 어떤 디자인이 있느냐에 따라 그 사람의 일상생활에도 깊은 영향을 끼치게 될 것이다. 쉽게 말하면, 좋은 디자인이 만들어내는 장소는 사람들에게 긍정적인 영향을 준다. 또 긍정적인 감정은 사람들의 삶의 질을 높인다.

　지금 내 눈에 보이는 건물, 거리, 공원이 지금의 모습보다 아름다웠다면 우리뿐만 아니라 부모, 형제, 자녀의 삶이 달라지지 않았을까?

지금 내가 사는 집, 그리고 집에서 나와서 만나는 거리의 디자인이 지금보다 뛰어났다면? 내가 만약 주변에 잘 관리된 공원을 걸을 수 있거나, 집의 창문으로 녹지를 볼 수 있는 곳에 살 수 있었다면 지금보다 더 삶과 생각이 좋아지지 않았을까?

## 행복과 건강에 영향을 주는 주변 환경

경제적으로 여유가 있는 사람들은 건축물을 아름답게 만들기 위해 건축 디자인에 기꺼이 투자한다. 공공기관도 예술적으로 가치 있는 작품을 위해 유능한 건축가를 선정한다. 하지만 건축업자들은 디자인을 배제한 채 작업하는 경우가 많다.

디자인이 뒷전으로 밀리는 이유는 건물의 기능만을 고려하기 때문이다. 건축물을 사용하는 사람들의 경험이나 추억을 고려하지 않는 경우가 대부분이다. 하지만 건축물의 디자인은 안전이나 기능과 비등하게 우선되어야 한다.

현재의 공공정책과 시장경제는 디자인의 중요성을 경시하기도 한다. 건축물을 조성하는 과정에서 디자인에 대한 사회적인 무관심은 우리의 삶을 갉아먹는다. 이대로 두면 우리 후손들의 삶까지 좀먹게 될 것이다.

우리가 살아가는 환경은 아이들의 행복과 건강에 영향을 미칠 수 있다. 주변 환경은 아이들을 똑똑하게, 멍청하게, 부드럽게, 날카롭게, 무기력하게, 활기 있게도 만들 수 있다. 특히 주변 환경 중 아이들에게 직접적으로 영향을 주는 요소가 바로 건축물 디자인이다. 그렇기 때문에 더더욱 건축물 디자인을 개인의 취향으로 치부해서는 안 된다.

주변 건축물은 누군가의 선택이 만들어낸 결과다. 얼마든지 다르게 만들 수 있다는 뜻이다. 게다가 새로 만들 수도 있고, 또한 앞으로 수십 년 사이에 새롭게 만들어질 것이다. 달리 해석하면 세상을 더 좋은 장소로 만들 기회가 아주 많다는 것이다.

## 공간 디자인은 수세기 동안 인간의 삶에 영향을 준다

우리는 왜 인생의 대부분을 질 낮은 장소에서 보내야 하는 걸까? 나라에 돈이 없어서? 자원이 부족해서? 아니다. 투입한 비용과 관계없이 디자인은 좋을 수도 나쁠 수도 있다. 그런데 도시, 건축, 조경, 토목의 디자인을 결정할 때 과거를 답습하고 경제 논리로 접근하는 경우 디자인은 나빠질 확률이 높다. 사람들에게 디자인이 왜 중요한가를 설명하라고 하면 대부분 쩔쩔맨다. 그저 이유를 "보기 좋은 떡이 먹기 좋은 것이다" 정도로 찾는다. 디자인의 중요성을 안다면 절대 할 수

우리는 대부분의 시간을 네모난 공간 속에서 보낸다.

없는 대답이다.

우리나라의 아파트는 왜 지루한 형태를 하고 있을까? 아파트 건설업자들이 기존의 디자인 틀에서 전혀 벗어나지 않기 때문이다. 아파트 평수나 가격이 다른데도 불구하고 2억 원짜리 아파트나 20억 원짜리 아파트의 특징과 문제점이 유사할 정도다.

많은 아파트 건설업자는 아파트를 파는 것에만 관심이 있지 이후에 그 아파트에 사는 주민들의 라이프스타일까지 고려하지는 않는다. 그렇기 때문에 주민이 이용할 수 있는 커뮤니티 시설이 부족하고 주거 건물동 배치가 주민 친화적이지 않아 주민끼리 서로 소통할 기회가 제한적일 수밖에 없다. 어쩌면 아파트 건설업자들이 지역 공동체의 발전을 막았다고 할 수도 있을 정도다.

몇 년 전 5,000세대 규모의 아파트 설계에 참여한 적이 있었다. 당시 회의에서 그 아파트 단지 주변에 문화시설이 없어서 단지 안에 문화시설을 최대한 넣어주어야 한다고 주장했다. 어린이에게는 생존을, 노인에게는 운동을 위해 수영장을 제안했는데 결국 관리상의 이유로 거절되었다. 대신 커뮤니티 시설의 단점을 보완한다는 명목으로 현란한 디자인으로 교묘하게 가렸다.

도시, 건축, 토목, 조경은 인간의 수명보다 길기 때문에 완성된 건축물이나 구조물은 건설에 관여한 사람들은 물론 다음 세대, 그다음 세대의 삶에까지 지대한 영향을 미친다. 수백 년 전에 지어진 건축물을 사람들이 일부러 보러 가고, 그 건축물의 모습과 역사에 감동을 받는 모습만 보아도 그렇다.

이렇게 건축물이 당대뿐 아니라 후대에까지 영향을 미치는 것임에도 불구하고 이런 디자인의 영향을 모르거나 아예 디자인을 모르는 공무원이 건축물 설계부터 완공이 되기까지 많은 부분을 결정한다. 우리는 한 공무원의 잘못된 판단으로 만들어낸 형편없는 디자인으로 둘러싸인 공간에서 살아간다. 수백만 명이 결국엔 그 대가를 치르고 있다. 자신의 주변 환경이 곧 자신들이 겪는 사회적·인지적·정서적 문제의 근원일 수 있다는 사실을 평생 모르고 살아가는 것이다.

## 디자인은 사치품이 아니다

이제는 디자인이 사치품이라는 생각은 버려야 한다. 디자인은 우리
의 신체와 정신 건강에 지대한 영향을 미친다. 그러니 시간이 좀 걸
리더라도 같은 비용이라면, 좀 더 공을 들여서 디자인에 신경을 써야
한다.

내가 사는 아파트 주변에 있는 공용 주차장이 정비되면서 펜스가
교체됐다. 기존 회색 펜스를 연두색으로 교체한 것이다. 펜스가 교체
된 후, 나뭇잎보다 튀는 연두색 등 정돈되지 않은 요소들, 돌출되는 색
채들을 보니 오히려 회색일 때보다 스트레스가 가중됐다. 디자인이
행복을 증진하기는커녕 해치기 일쑤라는 사실을 잘 보여주는 예다.

또 공장 및 창고 건축물의 주요 재료인 샌드위치 패널이 곳곳에서
눈에 띈다. 값싼 재료의 건물이 가득한 도시는 우리 삶의 수준을 떨어
트린다. 사용자가 받을 영향에 대해 전혀 고려하지 않은 디자인은 결
국 눈에 보이지 않는 방식으로 우리에게 해를 끼치기도 한다.

수많은 건설업자가 공사를 할 때 지역의 기후나 현장의 지형, 재료
의 산지에 거의 관심을 두지 않는다. 그저 경제 논리로 건축과 조경의

돌을 활용한 아름다운 옹벽. 디자인은 사치품이 아니라 눈에 거슬리는 게 없는 것이다.

디자인을 결정하기 때문에 최대한 반복해서 사용할 수 있는 평범한 디자인을 추구한다.

불과 몇 년 전만 해도 1,000세대 아파트를 분양하는 데 아파트 세대 평면이 1~2개에 불과한 적도 있었다. 예전에는 아파트 평면이 다른 집과 다르거나 입면이 다르면 왜 우리 집만 다르냐고 민원을 제기하기도 했다. 시대착오적인 건축법규는 과거보다 향상된 품질의 재료와 뛰어난 새로운 건축 방식을 폭넓게 도입하려는 건전한 시도를 가로막는다. 과거의 관행을 반복하는 사이 혁신은 점점 멀어진다.

과연 우리 주변 건축물의 디자인을 책임지는 사람은 누구일까? 건설업자다. 문제는 건설업자 대부분은 디자인적인 연구를 거의 하지 않는다는 것이다. 프로젝트에 자금을 제공한 투자자나 은행에 높은 이자를 지급하기 때문에 하루라도 빨리 프로젝트를 완성하려고 한다. 이 때문에 건설업자는 기존 디자인을 참고하여 쉽게 구할 수 있는 재료를 사용해 평균 수준의 건축물을 만드는 데 만족할 수밖에 없다.

주변 환경은 우리가 의식하는 것보다 훨씬 일상에 많은 영향을 미친다. 건축에서 느낀 감정과 추억은 우리의 정체성을 형성하는 데 큰 영향을 미친다. 하지만 도시, 건축, 거리, 공원에 대한 사람들의 의식 변화 속도는 매우 느려 알아채기가 쉽지 않다. 도서 《공간혁명》에 따르면, 인간은 신경학적으로 정적이고 변화가 없어 어디에나 존재하는 대상에는 관심을 보이지 않도록 설계된 동물이기 때문이다. 이처럼 대부분의 사람은 건축에 대해 잘 모르거나 소유자가 아니기 때문에 딱히 주변 환경에도 관심이 없다. 건축에 대한 모든 결정을 전문가에게 맡긴다. 아마도 자신이 주변의 건축물에 영향을 주거나 바꿀 수 있다고 생각하는 사람들은 거의 없을 것이다. 하지만 결국에는 사람들의 건축에 대한 관심이 건축을, 도시를 바꿀 수 있다.

사람들은 어떤 물건을 선택할 때 깊이 생각하지 않고 제품의 디자인만 보고 고르는 경향이 있지만, 제품을 개발하는 사람은 소비자가 그런 물건을 원한다고 생각해서 계속 비슷한 물건을 만들어낸다. 다양한 선택지가 주어져도 익숙한 자극을 당연한 선택이라고 생각한다. 그래서 별로 좋지 않은 열등한 장소, 심지어 자신에게 은근히 해를 끼치는 장소라 하더라도 '객관적으로 훌륭한' 장소라고 판단하기도 한다. 이제 무한 반복되는 건축 환경의 타성에서 벗어나야 한다. 질 낮은 도시 경관과 건물, 조경이 삶의 질을 떨어뜨리는 위협을 알아채야 한다.

디자인을 고려한 건축이 엘리트의 영역이라는 사고방식에서 벗어나야 한다. 좋은 건축 디자인은 일반적인 건물에 예술을 덧붙인다고 해서 나오는 것이 아니라 인간의 기본욕구와 권리를 보장하는 데서 나오기 때문이다. 사람은 매일 공간 속에서 생활하며, 어떤 곳에서 무엇을 보며 사느냐에 따라서 시각과 삶이 달라질 수 있다.

미국 인디애나주 콜럼버스시는 미국의 현대 건축에서 중요한 도시다. 콜럼버스시는 인구 5만여 명으로 아주 작지만 이 도시의 건축물은 대부분 1950년대부터 미국의 유명 건축가들이 설계를 했다. 콜럼버스시에 위치한 엔진회사 커민스의 CEO인 어윈 밀러가 만든 커민스 재단의 '건축지원 시스템'을 통해 지원을 받았기에 가능했다. 건축지원 시스템은 공공 건축물의 설계비 전액을 지원하는 프로그램이다. 이를 통해 에로 사리넨, I. M. 페이, 로버트 벤투리, 리처드 마이어, 시저스 펠리, S. O. M. 등과 같은 건축가뿐 아니라, 영화 〈콜럼버스〉에 나오는 데버라 버크, 제임스 폴 등이 설계한 건물들이 콜럼버스시에 지어졌다.

이것이 바로 이 작은 도시가 미국의 현대 건축 도시로 태어나는 원동력이었다. 콜럼버스시는 '모더니즘 건축의 메카', '대평원의 아테네'가 되는 시작이었다. 도시 자체가 '모더니즘

미국 인디애나주 콜럼버스시 시청
(건축설계:Skidmore, Owings and Merrill, 1981)

건축 박물관'이다. 이 도시를 방문하면서 느낀 놀라운 점은 공공 건축물뿐 아니라 도시의 일반 건축물도 훌륭하다는 점이다. 주변에 잘 지어진 건물의 영향을 받았다고 본다. 실제로 콜럼버스시 공무원의 설명에 따르면 어떤 건축물을 설계하기 전에 바로 옆에 미관상 훌륭한 건물이 있기 때문에 자신의 건물이 이를 망치게 할 수 없었다고 했다.

지역 주민들 역시 1950년대부터 지어진 90여 개에 이르는 현대 건축을 보면서 영향을 받지 않을 수 없었다. 특히 아이들이 다니는 학교는 커민스 재단에서 19개 건물의 설계비 또는 시공비를 지원해주었다. 청소년 센터와 도서관까지 아이들이 이용하는 건축물의 모습은 단연 최고였다. 그 아이들이 커서 지금의 콜럼버스시의 주인이 되었다면 그들은 과연 어떤 건축물을 지을까? 성장하면서 본 그대로일 것이다.

# 살고 싶은 동네 1위, 자연 접근성

● 　　　　　인간은 자연을 갈망하고 자연으로부터 위안을 받는다. 사람들은 주말이나 휴가에는 나무가 울창한 숲, 물소리 들리는 계곡, 꽃이 만발한 들과 같은 자연을 찾아 떠난다. 평상시에도 원목 가구나 베란다 식물 등 집 안으로 자연을 끌어들이는 노력을 한다. 인간이 본능적으로 얼마나 자연과 함께하고 싶은지, 아니 자연으로 돌아가고 싶은지를 알 수 있다.

인간이 자연과 단절된 삶을 살게 된다면 어떻게 될까? 상상하기조차 어렵다. 한 연구 결과에 따르면 심장 박동이 높아진 사람이 자연 풍광을 20초만 접해도 빨라진 심장 박동이 진정되고 혈압이 높은 사람도 자연 풍광을 접하면 3분에서 5분 정도 후 정상 혈압으로 돌아온다고 한다.

일상생활 속에서 만나는 작은 녹지들. 런던 거리(좌), 한강공원 삼패지구(우)

  아토피로 오랫동안 고생한 아들을 둔 친구가 있었다. 병원에 다니면서 치료를 했지만, 아들은 좀처럼 나을 기미가 보이지 않았다. 나는 친구에게 산과 가까운 곳으로 이사를 해보면 어떻겠느냐고 제안을 했다. 친구는 내 조언을 받아들여 얼마 후 아들을 데리고 산 아래 동네로 이사를 했다. 신기하게도 아들의 아토피 증상이 점점 줄어들게 되었고 몇 년 후에는 거의 사라졌다고 한다. 이처럼 사람은 자연과 함께할 때 면역력도 생기고 치유력도 생기게 된다. 자연은 인간에게 절대적으로 유익하다.

# 우리는 녹지 환경에서 무엇을 얻을까

　녹지나 공원이 많은 도시에 사는 사람은 스트레스에 강하고 인간관계에 잘 대처한다는 연구 결과도 있다. 녹지와 가까운 도시에 사는 사람은 문제를 해결하는 능력과 새로운 정보를 받아들이는 능력도 좋다고 한다.

　한 병원에서 자연이 주는 치유 효과에 대해 긍정적인 결과를 발표한 적이 있다. 담낭 수술을 받은 뒤 나무가 보이는 병실에 입원한 환자는 벽돌이 보이는 병실에 입원한 환자보다 비교적 통증을 덜 느껴서, 진통제를 덜 요청하고 회복 속도도 빨랐다는 것이다.

　사람들에게 어떤 도시에 살고 싶으냐고 질문하면 대부분 자연과 가까운 도시, 녹지가 풍부한 도시를 선호하는 경향을 보이며, 친환경 녹색도시를 살고 싶은 도시로 손꼽는다. 사람들에게 자신이 살고 싶은 동네를 결정할 때 가장 중요하게 생각하는 요소가 무엇인지를 물으면 '자연 접근성'이 1, 2위를 차지한다.

　전철역이나 버스정류장에서 집까지 걸어갈 때 가로수가 줄지어 있고, 집에서 걸어서 갈 수 있는 거리에 공원이 있고, 거실의 창문으로 산·공원·녹지가 보이는 곳에 사는 사람이라면 자신이 살고 있는 동네에 대한 만족도가 높아질 수 있다.

일본 국토교통성은 '경관 형성의 경제적 가치 분석에 관한 연구'에서 녹지가 있는 길가에 위치한 집과 녹지가 없는 길가에 위치한 집을 구입할 때의 지불 의사를 조사한 바 있다. 녹지가 없는 길가에 위치한 집보다 녹지가 있는 길가에 위치한 집에 대한 비용을 집값의 10% 이상 더 지불할 의사가 있다고 답했다. 집값이 더 비싸더라도 녹지가 있는 환경에서 살고 싶어 한다는 것을 보여준 예다.

우리나라도 아파트를 구입할 때 조망이 좋은 동이나 전망이 좋은 층이 조망이 좋지 않은 동이나 전망이 좋지 않은 층에 비해 비용을 더 지불해야 하지 않는가. 일본의 연구 결과도 비슷한 맥락이다.

나의 경우도 다르지 않다. 지금 내가 살고 있는 아파트를 선택할 때 가장 중요하게 생각했던 것이 거실에서 산이 보이는지, 주변에 녹지가 있는지였다. 녹지가 많은 환경에서 자라면 아이의 집중력도 높아지고 충동 억제력이 길러질 것이라고 항상 생각했다.

아들을 키우면서 가장 걱정되었던 것은 공부 이전에 인성이었다. 일하는 부모가 항상 옆에 있어주지 못하기 때문에 부모 이상의 역할을 해주는 것이 환경이라고 여겼다. 남자아이에게 사춘기는 힘든 시기였다. 과격한 행동을 조절할 줄 아는 능력이 필요했다. 그래서 아들 방 창문에서 녹지가 보일 수 있도록 했고, 녹지가 그 역할을 충분히 해줬다고 지금도 생각한다.

공원, 녹지는 사람들의 행복에도 영향을 준다. IBS-포스텍에서 도시 녹지와 시민 행복의 상관 관계를 분석했더니 경제력이 높을수록 도시 녹지가 시민 행복에 영향을 주었고, 국가의 경우에는 경제력과 무관하게 녹지량이 많을수록 시민 행복이 높아졌다고 한다. 1인당 국민소득이 4,000만 원이 넘는 도시에서는 녹지 확보가 행복에 중요한 요소로 작용한다는 것을 알았다.

이제는 녹지가 있는 위치가 프리미엄이 되는 시대다. 아파트 주변에 지하철이 있다면 역세권 아파트, 아파트 주변에 녹지가 있다면 숲세권 아파트라는 용어를 사용한다. 요즘은 숲세권 아파트가 인기 있다. 코로나 시대를 겪으면서 집에서 머무는 시간이 길어지고 아파트 분양 시장의 방향도 전환되었다. 아파트 주변에 산이 있는 '숲세권', 공원이 있는 '공세권' 등 자연 친화적인 단지에 관심이 몰리고 있다. 사회적 거리두기로 인해 일상생활에 제약을 받으면서 집 근처에서 야외 활동을 하며 몸과 마음을 치유하려는 사람들이 늘었기 때문이다. 녹지는 코로나로 인한 우울감과 무기력을 호소하는 '코로나 블루'의 치유에도 크게 기여하는 것으로 나타났다.

## 사람에게 이로운 녹지, 아이들을 키우는 녹지

녹지의 종류는 다양하다. 정원, 띠녹지, 가로수, 공원, 수변, 산까지.

한국 아파트 단지 내의 녹지(좌), 일본 아파트 단지 내의 아이들 놀이 공간(우)

아이들은 녹지에 노출되는 시간에 따라 정신 장애에 걸릴 위험이 달라진다고 한다. 덴마크의 오르후스대학교 리스틴 엔게만은 녹지가 적은 곳에서 사는 아이들과 녹지가 많은 곳에서 사는 아이들을 분석했다. 그 결과 녹지가 적은 곳에서 사는 아이들에 비해 녹지가 많은 곳에서 사는 아이들이 성인이 된 후 정신 장애 위험이 낮아지고, 대마초 등의 약물 남용을 예방하는 효과도 있었다. 도시의 회색 빌딩에 갇혀 사는 아이들에게 녹지는 심리적 회복을 촉진하고 시끄러운 소음, 도시 스트레스, 경쟁, 시간에 쫓기는 생활 등으로 인해 생긴 악영향을 줄여준다고 한다. 결국 녹지와 가까운 곳에서 자란 아이가 건강한 정신과 육체를 가지게 될 확률이 높다. 아이들이 성인이 된 후의 사회적 지위도 녹지와 연관되어 있다는 연구 결과도 있다. 도시가 발달하고 현대화될수록 정신질환은 증가하고 지금과는 다른 종류의 정신질환을 접할 수 있는데, 이런 점에도 녹지는 큰 예방책이 된다.

요즘 현대인에게서 많이 나타나고 있는 질병 중 하나로 공황장애가 있다. 예전에는 연예인이나 유명인에게 나타나던 증상이 이제는 일반인에게서도 흔한 질병이 되었다. 특정인이 아니라 누구나 정신질환에 노출될 수 있다는 의미다. 녹지가 이런 정신질환에 효과가 있다면, 도시에 녹지를 늘리는 일이 의료적 역할을 하는 것이다. 나무 한 그루 심는 것으로 건강한 도시를 만들 수 있다.

히포크라테스는 건강에 영향을 미치는 환경 요소로 공기, 물, 장소를 강조했다. 고대 로마 문헌에도 시골과 녹지가 건강상 이점을 제공한다고 기록되어 있다. 우리 몸은 자연이 주는 햇빛, 녹지, 공기 등에 정서적으로 반응한다. 햇빛이 부족하면 우울증에 걸릴 확률이 높다.

영국의 유니버시티 칼리지 런던과 임페리얼 칼리지 런던은 런던에 사는 아이들의 거주지 및 학교 주변의 녹지 공간과 인지 발달 및 정신 건강의 연관성을 연구했다. 그 결과, "어린이와 청소년이 자연을 접할수록 인지 발달은 향상되고, 정서 및 행동 문제를 겪을 위험이 낮아진다"는 것을 알 수 있었다. 강·호수와 같은 물보다 나무와 같은 숲이 효과가 더 높다고 한다. 풀, 잔디로 된 초원보다 나무가 있는 녹지 공간이 가장 효과가 높다고 한다.

우리나라 청소년은 학습 능력에서 세계 최고 수준으로 평가받고 있지만 학교 폭력, 왕따, 자살 등 청소년 사회문제 역시 높은 수준이다. 청소년 사망 원인 1위가 자살이다. 입시 위주의 교육과 인성 교육의 감소로 청소년들이 심리적으로 약해졌기 때문이라는 생각도 든다. 이런 청소년 사회문제에 대한 해결 방안 중 하나로 '산림 교육'이 주목받고 있다. 산림 교육의 핵심은 청소년들에게 '숲에 가서 그 답을 찾아보자'는 것이다.

독일에서도 청소년 문제의 해결 방안으로 '산림 교육'이 활성화되어 있다. 스위스 교육학자 요한 하인리히 페스탈로치는 자연에서 노는 것이 최고의 교육이라고 했다. 숲이 청소년 교육 장소이고 어린이 놀이터라는 것이다.

도시에서는 살인, 절도, 강도, 위조 등 다양한 범죄가 매일 발생한다. 범죄가 사람들에게 미치는 영향은 실로 다양하다. 신체적 상해와 죽음에 이르게 하는 문제까지도 발생한다. 부가적으로 불안감, 우울감, 공포감 등의 심리적인 영향을 끼칠 수도 있다. 사회적 손해가 막심하기에 수많은 국가에서 범죄가 일어나지 않는 방법을 알아보기 위한 실험을 했다. 그 해결법의 하나로 도출된 것이 바로 자연과의 접촉이다. 자연과 접촉하여 스트레스를 줄이면 잠재적으로 범죄율을 낮출 수 있다는 것이다.

도시의 빈 땅이나 자투리땅을 녹지로 바꾸면 장기적으로 폭력과 범죄를 예방할 수도 있다. 시카고의 공공주택을 연구한 결과, 건물 주변이 녹지로 둘러싸인 곳은 건물 주변에 녹지가 적은 곳보다 범죄율이 52%나 낮았다고 한다. 잔디, 관목, 교목 등과 같이 나무와 식물을 많이 심으면 그곳에 사는 사람들의 안전성이 높아진다는 것을 의미한다.

미국의 작가이자 사회운동가였던 제인 제이콥스는 녹지 공간을 '길에 달린 눈'이라고 정의했다. 즉 잔디, 꽃, 관목, 교목 등의 녹지 공간이 잘 관리된 지역은 이곳에서 시간을 보내는 사람이 많다는 것을 암시하고, 범죄자를 감시하고 있다는 느낌을 주는 것이다. 이는 사람들이 녹지와 접촉하는 것으로 어느 정도의 범죄는 예방할 수도 있음을 시사한다. 녹지가 많으면 사람들이 행복감을 느끼고, 범죄 행위에 대한 관심이 줄어든다.

우리나라에서도 도시 내 공원 및 녹지 공간이 범죄에 미치는 영향을 알아보기 위해 생활권 공원 면적과 범죄 발생과의 관계를 비교 분석한 결과, 각 지자체 중 생활권 공원 면적이 더 넓은 지자체에서 범죄 발생이 적음을 확인할 수 있었다

도시화가 진행될수록, 고층화가 가속화될수록 녹지 공간은 더 많이 필요하다. 녹지는 사람들의 스트레스를 해소해주고 공격성을 줄여준다. 뉴욕의 센트럴 파크, 런던의 하이드 파크, 홍콩의 빅토리아 파크, 파리의 룩상부르 공원 등 고층 건물 사이에 위치한 공원을 보면 치열한 대도시일수록 도심 한가운데 대규모 녹지를 제공하고 있다. 도시

의 허파, 일상의 쉼표와도 같다. 물론 녹지가 모든 도시 문제를 해결할 수 있다고 생각하진 않는다. 그럼에도 작지만 커다란 효과가 서서히 나타날 것이다.

일상생활 속에서 공원에 가서 녹지를 접하기보다는 오히려 건물 주변의 작은 녹지나 가로변의 녹지를 더 많이 만나게 된다. "멀리 있는 친척보다 이웃사촌이 낫다", "아무리 친한 사이도 안 보면 멀어진다" 같은 말은 가까이 있는 것의 소중함을 말해준다. 매일 피부로 느낄 수 있는 조경, 녹지가 더 중요하다는 말이다. 가까이에 있어야 관심을 갖게 되고, 관심이 있어야 가치도 알게 된다. 가끔 갈 수 있는 공원이나 광장보다 매일 보는 집 앞의 작은 조경, 보도변의 가로 조경이 일반인에게 더 가깝다. 그런데도 주변을 보면 피부로 느낄 수 있는 녹지가 너무 적다. 우리 집이나 주변에 나무를 심는 것은 우리가 지불해야 할 사회적 비용을 줄이는 데 보탬이 될지도 모른다.

# 5초마다 자극을 주는 거리

● 　　　　덴마크의 도시계획 전문가 얀 겔은 보행자가 행복하려면 5초마다 새로운 것, 흥미 있는 것을 볼 수 있어야 한다고 했다. 자극이 적은 환경은 사람의 활력을 떨어뜨리고 게으르게 만들고 우울에 빠뜨리기도 한다는 의미다.

　짧게는 5초지만 길게는 5일마다 자극이 필요하다는 해석도 가능하다고 본다. 결국 주말에는 일상생활에서 벗어나 새로운 자극을 주어야 한다는 의미로 확대 해석할 수 있다. 주말에는 매일 대하는 공간보다는 주변의 색다른 공간을 즐길 수 있어야 한다.

　서울에서는 사람들이 주말에 많이 찾는 거리로 홍대 거리, 신사동

볼거리가 있는 도시의 거리. 앨리웨이 광교(상), 암사도서관 갤러리(하)

가로수길, 삼청동길, 서촌 등이 있는데 이들의 공통점이 있다. 가게가 줄지어 있고, 가게 외관에 손님을 끌기 위한 디자인을 하고, 가게 앞에 물건을 진열하는 매대를 만들어 눈에 띄는 시그니처 상품을 두기도 한다.

이런 시각으로 보았을 때 사람들이 주로 사는 아파트 단지는 어떤 환경일까? 800세대 규모의 아파트 단지의 둘레가 보통 1.2km 정도인데 아파트 단지를 둘러싸고 있는 경계부에서 새롭거나 흥미로운 볼거리를 발견하기는 쉽지 않다. 물론 자세히 보면 식물에 의한 자연의 변화가 있지만 일상을 자극하거나 인생을 자극할 정도는 아니라고 본다.

홍대입구역에서 시작하는 '걷고 싶은 거리'의 1km 내외 구간은 어떨까? 이곳에 왜 사람들이 몰릴까? 옷, 액세서리, 신발, 그림, 음식 등 볼거리가 수두룩하다. 주말이나 휴일에는 발 디딜 틈 없이 인산인해를 이루고, 젊은이들이나 외국인 관광객들에게 이미 핫플레이스가 되었다. 여기에 버스킹이나 공연까지 더해져 오감을 자극하는 거리가 된다. 주말에 지루한 아파트 담장을 넘어 활기찬 홍대 거리로 몰려드는 이유가 바로 여기에 있다.

## 적당한 자극과 즐거움을 주는 공간

물론 매일매일 홍대 거리와 같은 환경에서 살 수는 없다. 자극이 적으면 권태롭지만 자극이 많으면 피로감을 느끼기 때문이다. 그럼에도 일상생활에서 자극은 필요하다.

서울 익선동 한옥거리

대부분의 사람들은 매일매일의 생활 패턴이 일정하고, 심지어 다니는 길도 거의 같다. 학생은 학생대로, 부모는 부모대로, 직장인은 직장인대로 비슷한 일상이 반복된다. 특히 아이들의 하루는 집-학교-학원-집의 패턴으로 다람쥐 쳇바퀴를 도는 듯하다. 아이들이 집에서 나와 학교까지 가는 길을 따라가다 보면 길 주변은 볼거리라고는 거의 찾아볼 수 없는 무미건조한 환경이 많다. 학교 주변은 상업시설과 떨어진 거리에 위치하기 때문에 자연의 변화를 제외하고는 풍경의 변화를 느끼기란 쉽지 않다.

아파트에 사는 아이라면 더욱 그렇다. 어쩌면 부모 입장에서는 그런 환경을 더 원하기도 한다. 나 역시 그랬다. 맞벌이를 하면서 아이를 온전히 돌볼 수 없기 때문에 집에서 학교까지 왕복하는 길에 아이에게 유해하다고 판단되는 시설이나 상가가 없었으면 했다.

나의 노력 덕분에 내 아이는 무미건조한 환경에서 12년을 등하교하게 되었다. 집에서 걸어서 5분 거리에 초등학교, 중학교, 고등학교가 모두 있는 곳에 살았으니까 말이다. 아이에게 좋은 환경을 제공해 주었다고 자부하지만 한편으로는 얼마나 지루했을까 하는 생각도 든다. 이 지루한 환경이야말로 평소 일탈을 꿈꾸게 만드는 환경이다. 그래서 가끔은 일상생활에서 벗어나 다른 환경을 경험하게 해주는 것이 필요하다.

우리가 여행을 할 때 가는 곳을 보면 어떤가? 아파트나 주택이 있는 곳을 보러 가지는 않는다. 역사적으로 가치 있는 문화재나 내가 살고 있는 곳에서 느낄 수 없는 것을 만끽할 수 있는 거리를 가기도 한다.

다른 도시나 다른 나라를 여행할 때면 내가 꼭 가는 곳 중 하나가 오래된 재래시장이다. 재래시장은 그 지역 사람들의 생활의 근간을 이루는 곳이기에 그 지역에서 가장 흔하게 얻을 수 있는 것, 가장 필요로 하는 것들을 볼 수 있다. 또 한곳에서 생활필수품을 볼 수 있어서 볼거리도 많다.

아이가 어렸을 때는 대전에서 살았는데 유성 5일장을 가끔 가곤 했

스페인 바르셀로나 라 보케리아 시장(좌)과 제주 동문 시장(우)의 다채로운 진열대

다. 유성장은 대전광역시 유성구 장대동에서 1916년 시작된 5일장으로 현재도 4일과 9일에 장이 선다. 포목, 청과, 생선, 기물, 잡화 등 없는 것이 없었다. 지금은 모르겠지만 20년 전에는 토끼도 팔고, 강아지도 팔았다. 대형 마트나 동네 슈퍼에서는 볼 수 없는 제철 식자재를 구할 수 있어 아이에게는 살아있는 교육의 장이 되기도 했다.

대형 마트에서는 제철이 아니더라도 여러 과일을 살 수 있지만 재래시장은 그 계절에 그 지역에서 많이 나오는 재료가 많아 계절을 알 수 있다. 생산량이 많지 않은 재료는 대형 마트에서 구할 수 없다. 지역에서 소비하기에도 부족하다. 게다가 시장은 좌판이 약 5m 이내의 간격으로 줄지어 있어 지루할 틈이 없었다. 그곳에서는 산도 보이고,

들판도 보이고, 바다도 보이고, 강도 보인다. 동물원도 있고, 식물원도 있다. 재래시장은 하나의 도시다.

## 아파트와 주택에도 작은 변화가 필요하다

아파트든 단독주택이든 외관이 무미건조하기는 마찬가지다. 아파트 1동의 길이는 60m가 넘고 위·아래층이 똑같은 크기의 창문과 콘크리트 벽으로 이루어져 있기에 변화감이 거의 없다. 이것이 2동 내지 3동이 나란히 서 있으면 똑같은 모습을 반복적으로 보게 된다. 이런 아파트 단지 몇 개가 이어지면 앞뒤, 좌우가 똑같은 모습이다. 아파트의 재료가 콘크리트여서 답답하기도 하겠지만 그 형태가 똑같아서 더 답답하다. 그런 아파트 단지를 바라보면 마치 공동묘지에 줄지어 있는 묘비가 떠오르기도 한다.

예전 1~2층 규모의 단독주택은 이제 4층 규모의 다세대 주택으로 바뀌고 있다. 다세대 주택은 건축법에서 정하고 있는 주차장을 설치하기 위해 1층을 주차 공간으로 만들 수밖에 없다. 차량이 들락날락하기 좋고 주차하기 편하게 하기 위해 기둥만 있는 필로티 구조여서 길에서 보면 1층이 뚫려 있다. 다세대 주택이 즐비한 지역은 길을 따라 어둡고 무자극한 환경이 거리를 메우고 있다. 밤이 되면 누군가 튀어나올 것 같아 무섭다. 예전에는 길을 따라가다 보면 동네가 말을 걸어주었지만 지금은 아무도 말을 걸어주지 않고 서로가 서로를 경계하고 무서워하는 환경이 되었다.

아파트나 주택가에 상업 건물과 같은 활기를 주자고 하는 것은 아니다. 다만 건물 주변을 둘러싸고 있는 공간에 대해 디자인이 필요하지 않다거나 관심을 기울일 가치가 없는 부수적인 공간으로 취급하는 경우가 아쉽다. 아파트를 둘러싸고 있는 담장이나 건물 주차장 입구의 셔터가 그렇다. 아파트를 설계할 때 아파트에 사는 사람들을 위주로 설계를 하다 보니 아파트 경계에 담장을 치거나 펜스를 치는 내부 지향적 디자인을 한다. 내가 사는 아파트 주변을 가장 많이 걸어 다니는 사람은 나, 우리 가족, 주민이다. 그곳에 살지 않는 사람이 그곳을 걸을 확률은 거의 없다고 해도 과언이 아니다.

싱가포르에서는 단지 경계가 아닌 안쪽에 담장을 설치한 것을 흔히 볼 수 있다. 그리고 담장 바깥쪽에 녹지를 두어 거리를 걷는 사람들에게 녹지를 볼 수 있도록 해준다. 단독주택이 줄지어 있는 길이라도 담장을 안쪽에 설치하고 외부에 걸어 다니는 사람들을 위한 작은 정원을 두면 좋겠다. 언젠가 북촌 가회동 한옥마을을 둘러보면서 놀란 적이 있다. 지나는 길에서 볼 수 있도록 작은 질그릇으로 만든 수경 화분을 대문 앞 계단에 내어둔 것을 보고 주인의 마음이 느껴져서다.

싱가포르 아파트의 높이와 형태가 다양한 외관 디자인

비슷한 형태가 줄지어 있는 거리를 180m 걷는 일보다 8m 간격으로 다른 경관이 펼쳐지는 거리를 걷는 일이 훨씬 흥미롭다. 요즘은 설계자들이 캐드를 이용해서 디지털 설계를 하다 보니 규모에 대한 감각이 무뎌진 것 같다. 아니 거리 감각이 없어진 것 같다. 몇백m에 걸쳐 펜스를 쳐도 아무렇지도 않게 받아들인다. 그곳을 걷는 자신을 상상해본다면 좀 더 다른 설계를 할 텐데 아쉽다.

언뜻 보기에는 테헤란로와 같은 대로에 사람들이 많을 것 같지만 연남동, 성수동, 익선동과 같은 골목상권이 더 인기가 많다. 왜 8차선, 10차선 대로를 두고 좁디좁은 골목으로 사람들이 파고들까? 대로변은 건물이 크고 길고 멀리까지 가지 않아도 끝이 보인다. 하지만 골목상권은 건물이 작고 좁으며 여러 가게들이 늘어서 있고 멀리까지 시선이 가지 않는 데다 구불구불한 골목이라면 다음에 뭐가 나올지 예측이 되지 않아 기대감이 있다. 또 골목에는 추억, 정겨움 그리고 그 동네만의 문화가 있다.

도시는 건물, 보도, 도로로 구성되어 있다. 활기 있는 도시를 만들려면 보행 친화성, 활기찬 1층 공간, 건물의 변화성 등이 필요하다. 요즘은 아파트나 주상복합 건물의 상가를 만들 때 골목길처럼 만드는 곳이 늘고 있다. 마치 골목길처럼 곡선 형태로 작고 낮은 건물을 줄지어 배치하는 구조다. 광교에 있는 앨리웨이(골목길)가 그중 하나다. 스타필드와 같은 대형 쇼핑몰에서도 길을 구불구불하게 만든 곳을 제법 볼 수 있다. 이런 곳은 백화점보다 시간이 빨리 간다.

자동차로 여행을 하면서 아이에게 주변을 보라고 권하곤 한다. 하지만 고속도로변에는 변화가 많지 않은 산과 농경지, 가끔 지나치는 도시가 대부분이다. 시속 100km로 달리는데 무엇이 보이겠는가? 자전거를 타고 가야 가게에 어떤 상품이 있는지, 어떤 형태인지를 알 수 있듯이 걸어야 보이고 때로는 멈춰야 보인다. 변화가 있는 가로 환경은 여가시간의 질을 높여주고 호기심을 자극하는 경관을 제공한다. 호기심이야말로 창의력을 키우는 하나의 요소가 될 수 있다. 이번 주말엔 아이를 데리고 일상을 벗어난 곳을 탐방하면 어떨까.

# 공공 건축은 누구에게나 평등하다

● 　　　　공공 건축물의 사전적 의미는 공공성이 있는 건축물로, 공익성과 공용성을 갖는다. 공공청사나 주민센터, 경찰서와 소방서, 학교 도서관, 예술회관과 같이 국가와 지방자치단체가 국가 등의 예산으로 짓는 건물이다.

공공 건축물은 전국에 있는 건축물의 2.86% 정도를 차지하고, 그중 국가가 소유하고 있는 건축물은 53.6%다. 공공 건축물은 하루에 하나쯤은 만날 만큼 우리의 일상과 매우 밀접한 관계를 갖고 있어서 우리가 관심을 기울이지 않아도 이미 우리의 일상에 영향을 미친다. 그럼에도 불구하고 우리나라 공공 건축물은 왜 대부분 사각형이고 무미건조한 경관을 끝없이 재생산하는가?

네모난 모양의 공공 건축물(좌), 유선형 외관의 동대문디자인플라자(우)

## 네모난 세계 속에 사는 우리 아이들

　내가 사는 동네에도 사거리에 주민센터가 있다. 물론 이 주민센터도 네모다. 다른 주민센터도 대부분이 네모다. 우리나라 주민센터는 대부분 네모다. 마치 주민센터의 건축물 매뉴얼이 있는 듯이 말이다. 심지어 주민센터 바로 앞에 중학교 정문이 있어서 이 학교에 다니는 아이들은 매일 이 건물을 보고 다닌다. 의식하지 않아도 보일 수밖에 없다. 하지만 이 네모나고 평범한 주민센터 건물도 아이들의 창의력을 자극하고 행복감을 창출하는 오아시스가 될 수 있다.

　공공 건축물은 공공기관에서 건축하기에 내 것도 아니고 누구의 것도 아닌 모두의 것이라서 더 소홀할 수 있다는 생각도 든다. 하지만 일주일에 한 번 이상은 이 건물을 보게 되고 1년에 한 번 이상은 주민센터를 방문하게 되는 사람들에게 시각적으로 좀 더 친절할 수 없을까? 건축물에 디자인 원리를 적용하면 건축물의 질을 높이고 다양한 효과를 이끌어낼 수 있다. 공공 건축물의 기획, 계획, 설계, 시공 등의 과정에서 담당자들이 공간을 사용하는 사람들에 대한 이해와 그들의 행태를 이해하게 된다면 지금보다는 나아질 것이다.

사실 건물은 사람이 사용하는 것이기 때문에 사람을 떠나서는 만들 수가 없다. 어떤 건물을 설계하든 그것을 사용하는 사람을 고려하고 그 사람의 시점에서 디자인해야 한다. 이 공간을 사용하는 사람이 공간을 기억하고 추억하는 것을 염두에 두어야 한다.

특히 국민을 위한 공공 건축은 개인의 창의성을 살려주고 긍정의 에너지를 만드는 공간이 되어야 한다. 지금 우리가 쓸 뿐만 아니라 미래 후손들이 사용할 것이기 때문에 건물을 통해 무언가를 가르칠 수 있어야 한다. 지금 태어나지 않았더라도 언젠가 태어날 아이들에게도 마찬가지다. 공공청사는 지금 지어도 다시 건축하려면 30년은 지나야 하기 때문에 30년 후에 주인이 될 아이들도 생각하며 건축해야 한다. 지속 가능한 건축이란 에너지를 생산하고 절약하는 건축만을 의미하는 것이 아니다. 바로 이런 것을 실천하는 건축이 지속 가능한 사회를 위한 건축이다. 그러니 좋은 공공 건축이란 크고 화려하게 만드

발상을 전환하여 역삼각형 모양과 반투명 유리로 만든 구마모토 중앙경찰서

는 것이 아니라 미래의 주인인 아이들의 생각을 자라게 하는 건축을 말한다.

지금까지의 공공 건축을 보면, 노인복지관에는 노인들만 갈 수 있고, 장애인복지관에는 장애인만 갈 수 있고, 청소년문화의집에는 청소년만 갈 수 있도록 만들어졌다. 공공 건물을 사용자별로 구분하게 되면 아무리 많은 공공 건축물이 있어도 부족할 수밖에 없다. 게다가 사회적 교류가 일어나지 않는다. 건축을 바꾸면 사회가 바뀐다. 공공 건축물은 누구나 사용할 수 있어야 한다. 다 함께 사용하면서 생각지 않은 시너지가 일어나도록 해야 한다.

다행히 조금씩 공공 건축이 달라지기 시작했다. 기존의 설계방식에서 탈피해서 공공 건축 디자인 개선을 위한 노력이 시작되었다. 길을 지나다 소방서를 보면서 공공 건축이 달라지고 있음을 실감한다. 소방차가 들락날락하는 공간은 네모로 만들 수밖에 없지만 그 위에 얹힌 2층에 들어가 있는 사무실을 약간 틀어서 형태의 파괴를 선보이거나 '119'라는 서체도 색다르게 표현하는 모습을 보면 공공 건축물이 확실히 달라지긴 했다. 하지만 한번 지어진 건축물은 30~40년은 가기 때문에 예전에 지어진 건축물을 보면서 공공 건축의 중요성을 새삼 느낀다.

일본의 구마모토현에 있는 공공 건축물을 보면 남다르다. 역삼각형 모양의 경찰서, 주민 친화적인 파출소, 독특한 형태의 만화미술관 등 구마모토만의 독자적이고 개성적인 건축물이 만들어지고 있다. 구마모토를 고대 그리스의 도시국가 '폴리스'처럼 예술의 도시로 가꾸겠다는 '구마모토 아트폴리스'라는 정책에는 화장실이나 파출소 같은 작은 건물들이 많이 포함돼 있다. 인적조차 드문 공원의 작은 화장실도 놀라우리만큼 유지 관리가 잘되어 있는 것을 보고 방문객들도 감동한다. 똑같은 모양은 하나도 없고 건물이 지역의 랜드마크가 된다. 동네의 자랑거리가 된다. 이처럼 관공서에서 짓는 공공 건축이 바뀌어야 시민들의 일상에 건축으로 다가갈 수 있다.

우리 동네에도 주민센터 외에 몇 개의 공공 건축물이 더 있다. 청소년수련관, 경찰서, 우체국, 공공청사, 공원관리소 등이 있지만 어떤 감동도 주지 못하는 건물들이다. 이런 건물을 내 아이의 아이까지 보아야 한다니 가슴이 답답해진다.

여기서 다시 미국 인디애나주 콜럼버스시의 공공 건축 이야기를 하지 않을 수 없다. 콜럼버스시 공공 건물에 대한 설계 또는 시공을 지원해온 엔진회사 커민스는 기업의 사회적 책임을 다하고, 직원들에게 좋은 업무 환경을 제공하기 위해 본사가 위치한 콜럼버스시의 공공 건축물 건립에 대한 비용을 지원해왔다.

커민스의 창립자 어윈 밀러는 콜럼버스시의 공공 건물 설계에 대한 세계적인 건축가의 설계비용을 지불하기 위해 1957년부터 기금을 조성해왔다. 1960년부터 회사 순이익금의 5%를 적립하여 학교, 병원 등 공공 건축 및 공공 공간 등에 지원해주고 있다. 지금까지 학교 19곳, 공원 7곳, 시청과 신문사 60곳 등을 조성하는 데 지원했다. 그 결과 1950년부터 2010년까지 평균 1년에 한 건 이상의 공공 건축물을 완성하여 지금까지 90여 개의 건물과 공원을 구축하게 되었다.

"우리 모두는 집, 학교, 교회, 직장 등 우리 주변을 둘러싼 건축물을 보고 느끼며 살고 있습니다. 어린 시절 우리 곁에서 함께한 부모님, 선생님의 영향력이 우리에게 영향을 주는 것처럼 건축물을 통해 받은 감흥은 우리가 성장하면서 우리의 생각, 규범, 취향 등 삶 전반에 영향을 미치게 됩니다." 커민스 회장인 어윈 밀러의 말이다.

평소 건축에 관심이 있었던 어윈 밀러는 회사가 위치한 도시의 질이 최고의 직원을 유치하고 우수한 인재를 영입하는 것과 밀접하게 연관되어 있다고 판단했다. 베이비붐 세대의 영향으로 1950년대 후반과 1960년대 초 미국에도 빠른 속도로 학교가 지어졌다. 1957년 해리 위즈가 설계한 릴리안 쉬 미트 초등학교가 커민스의 첫 번째 지원 대상이었다.

이 프로젝트는 1960년 노스사이드 중학교 건립을 지원하면서 커민스 재단의 공식적인 사회 공헌 프로그램으로 자리를 잡았다. 이후 콜럼버스시에 있는 학교 건축 지원을 시작으로 모든 공공 건축 지원으로 확대해 나갔다. 커민스 재단이 후원한 공공 건축물은 60개가 넘는다. 세계적인 건축가와 기업의 파트너십으로 인해 인구 5만 명의 콜럼버스시는 세계적인 건축도시, 교육 환경이 좋은 도시로 성장했다. 자연 친화적이고 뛰어난 디자인의 건물과 공원을 구경하기 위하여 매년 5만 명 이상의 관광객이 콜럼버스시를 찾고 있다.

콜럼버스시가 훌륭한 교육 환경은 물론 아름다운 도시, 우수 건축물 전시장 등으로 국제적인 명성을 얻고 있는 까닭은 "우리들의 미래는 우리의 아이들에게 달려 있습니다. 그러니 우리 아이들을 위한 좋은 환경이 필요하기에 좋은 교육 환경을 제공해야 합니다"라고 말하는 커민스 재단의 철학 덕분이다.

커민스 재단의 지원으로 건축된 미국 인디애나주 콜롬버스시의
공공 건축물

공공 건축은 돈을 들이지 않고 사람들이 위안을 받을 수 있는 것이어야 한다. 물론 이용하는 데에는 약간의 비용을 지불해야 하는 곳도 있지만 공간을 누리는 데 드는 비용치고는 저렴한 셈이다. 누구의 허락을 받지 않고도 대한민국 국민이라면 누구나 이용할 수 있는 공간이어야 한다.

좋은 공공 건축은 '국민을 위해 지어지는' 것에서 시작한다고 한다. 당연한 말이다. 가끔 이것을 잊고 지자체장이나 담당 공무원이 개인 취향을 고집할 때가 있다. 이런 공공 건축은 결코 모범이 될 수 없다. 누구나 이용할 수 있어야 하기에 자연스럽게 진입할 수 있어야 하고, 누구나 알 수 있는 사인물을 설치해야 할 것이다.

# 공공 조형으로 예술이 일상이 되도록

●          아이들에게 유해한 환경이라고 하면 가장 먼저 유해 세균, 유해 물질, 환경호르몬 등을 떠올린다. 컴퓨터와 스마트폰이 보편화되면서부터는 아이들이 유해한 디지털 환경에도 무방비 상태로 노출되어 있다.

많은 부모는 아이가 어릴 때는 유해한 물질이 걱정이 되어서 음식도 집에서 직접 만들어 먹이고, 장난감을 살 때나 제품을 살 때도 꼼꼼히 체크한다. 등하굣길에 혹시 유해한 환경이 있지나 않은지, 이사를 할 때도 교육 환경을 고려해 신중하게 위치를 고른다. 아이를 위해 컴퓨터에 유해 사이트 접속을 차단하는 프로그램을 설치하기도 한다. 하지만 아무리 부모가 이런 점을 염려해도, 아이가 일상생활 속에서 어쩔 수 없이 유해 환경에 노출되는 경우가 있다.

## 아이에게 유해한 공공 조형물

　우리가 자주 다니는 거리를 걷다 보면 만나게 되는 조형물 중에도 아이들에게 유해한 것이 있다. 아이와 같이 보기에는 민망할 정도로 흉물스러운 모습을 하고 있거나, 공공장소에 설치하기에는 괴기스러운 조형물이 있다. 때로는 19금에 가까운 조형물, 목이 없는 조형물, 악취가 나는 조형물 등이 있는데 어른들이 보기에도 심리적인 불안감을 느끼는데 아이들에게는 과연 어떨까?

　놀랍게도 이렇게 설치되는 조형물 중 공공장소에 설치하는 것만 해도 1년에 6,000점이 넘고, 설치 금액은 1조 원이 넘는다고 한다. 아직 가치관이 정립되지 않은 아이들에게 이런 조형물은 좋지 않은 영향을 줄 수도 있다. 물론 작품을 창조한 작가와는 생각이 다를 수도 있다. 또 표현의 자유라고 할 수도 있다. 하지만 공공 공간이나 공공장소에 설치되는 조형물이라면 불특정 다수가 받아들이기에 무리가 없어야 한다고 생각한다.

　어떤 조형물은 시민들에게 오랫동안 기억되고 추억의 장소가 되기도 하지만 공공 건축물 앞에 설치되거나 지자체 축제 등에 설치된 조형물 중에는 무섭고 흉물스러워서 보기가 두렵다는 민원도 실제로 많이 들어온다. 특정 조형물에 대해 불편 민원이 빗발쳐 철거하거나 장소를 옮기는 경우도 있다. 이런 조형물을 아이와 함께 길을 걷다 만나기라도 하면, 그 경험은 당황스럽기도 하고 불쾌하기도 할 것이다.

조형물에 대한 민원은 가끔씩 기사화되기도 한다. 헌법 21조 1항에 따르면 모든 국민은 언론, 출판, 집회, 결사의 자유를 가진다고 규정하고 있다. 하지만 4항에서는 언론, 출판의 경우 타인의 명예나 권리, 공중도덕이나 사회윤리를 침해하지 말아야 한다고 되어 있다. 예술가에게 표현의 자유는 있다. 그렇다고 모두를 만족시킬 수는 없지만 수위 조절은 필요한 것이다. 특히 아이들이 다니는 거리에 있다면 더욱 그렇다.

## 최악의 조형물 디자인이란

오래전 일본에서 《Worst Design 100》이라는 책을 접한 적이 있다. 일본에서 만든 교량, 터널, 도로, 댐 등의 토목 구조물 중에서 최악의 디자인을 선정해서 모은 것이다. 어떤 과정을 거치고 어떤 기준으로 평가했는지는 모르겠지만, 아마도 다시는 이런 것은 만들지 말자는 의미로 만든 책이었을 것이다.

그 책을 보니 전체적으로 자연 요소를 그대로 형상화한 것이 많이 실려 있었다. 산, 나무, 물, 과일, 동물 등의 자연 요소는 그대로 만들수도 없고 비슷하게 만들었을 때에도 자연스럽지가 않아 주변 자연과어울리지 않고 괴기스럽게 느껴지는 것도 있다. 우리나라 곳곳을 다니다 보면 지역의 농산물, 해산물 등을 활용해 조형물을 만들거나 가로등, 버스정류장, 교량 등을 만드는 경우가 있다. 가로등에 고추 모양을 달거나, 버스정류장을 사과 모양으로 하거나, 펜스에 게를 다는 등지자체마다 다양한 조형물을 만든다.

언젠가 도로에 설치된 황소를 보고 놀란 적이 있다. 또 대관령 터널을 지나자마자 언덕의 양떼 조형물을 보고 양이 내려오는 것으로 착각해서 브레이크를 밟은 적도 있다. 뒤에 다른 차량이 있었다면 교통사고로 이어질 수 있었던 상황이었다.

영주시에서 개최하는 풍기 인삼축제에 설치된 남성의 성기를 형상화한 조형물이 문제가 되면서 청소년에게 유해한 조형물을 전시하는것을 제한하는 법안이 발의된 적이 있다. 청소년보호법상 청소년의심신을 해칠 우려가 있는 조형물의 전시를 금하는 청소년보호법 개정이 거론되었다.

대형 건축물 주변에도 조형물이 설치된 것을 자주 보게 되는데, 문화예술진흥법 제9조인 '대통령령으로 정하는 종류 또는 규모 이상의건축물을 건축하려는 자는 건축 비용의 일정 비율에 해당하는 금액을사용하여 회화·조각·공예 등의 건축물 미술작품을 설치하여야 한다'

주변 환경과 어우러지는 서울의 조형물. 국립중앙박물관 버스정류장(좌), 을지로 입구의 '아름다운 꿈꾸는 사람'(우)

에 따른 것이다. 공공 건축물, 아파트, 일반 건축물 등 건축물을 지을 때도 마찬가지다. 혹시 아파트에 살고 있다면 아파트 단지 내에도 1개 이상의 조형물이 있을 것이다. 이 또한 법에 따른 것이다.

사실 이것은 프랑스에서 문화예술의 발전 및 부흥을 위해 건축비의 1%에 해당하는 금액의 예술품을 설치하도록 한 것을 벤치마킹한 것이다. 흔히 '1% 법'이라고도 한다.

이렇게 설치된 것 중 기억에 남는 것으로 프랑스 파리의 라데팡스 지구에 설치된 조형물을 들 수 있다. 라데팡스는 상업시설, 주거시설, 업무시설 등이 들어서 있는 편리한 도시지만 회색 도시가 될 우려가 있었다. 이런 이미지를 쇄신하기 위하여 동원된 것이 바로 예술작품

배경이 되는 건축물과 조화로운 파리 라데팡스의 조형물

이다. 물론 1% 법에 따라 예술품이 설치된 것이지만, 예술 인프라를 통해 시민들이 일상생활에서 예술을 향유할 수 있도록 하려는 의도가 잘 구현됐다.

 라데팡스 지구의 예술품은 설치 위치를 조정해서 개선문과 신개선 문을 연결하는 녹지축 선상에 놓이도록 했다. 숲을 걷다 보면 건물 앞에 있는 조형물을 만나게 되고, 이들이 모여 거대한 조각공원을 방불케 한다. 조형물을 돌아볼 수 있도록 하는 지도가 있을 정도다.

# 좋은 조형물이란

조형물은 보는 사람에게 시각적 자극을 주고 마음을 움직이게 하고 기억에 남을 경험을 만들어주는 역할을 해야 한다. 이는 인간의 예술적 삶과 연결되어 있기 때문이다. 시각은 인간의 감각 중에서 가장 중요하고, 시각을 자극하는 것은 신체의 대부분을 자극한다고 해도 과언이 아니다. 좋은 조형물이 있는 장소는 우리를 활기차게 만들고 생동감을 주며 또 우리를 다른 사람들과 연결해주는 기회가 되기도 한다. 그렇기 때문에 사람들이 자주 다니는 공간에 있는 조형물이라면 더욱 신경 써서 만들어야 한다.

언제부터인가 조형물은 보는 대상에서 체험하는 대상으로 바뀌기 시작했다. 예전에는 좌대 위에 조형물을 올려놓고 지나가다 보는 것이 고작이었다면 지금은 길을 가다가도 앉을 수 있는 의자나 소리를 들을 수 있는 조형물도 있다.

백화점과 호텔 등의 건물이 꽉 차 있는 도심 한복판에 예술작품을 곳곳에서 볼 수 있는 지역이 있다. 일본 도쿄도의 다치가와시다. 이 도시는 미군기지를 환수받으면서 일부는 공원으로 만들고, 일부는 재개발을 하면서 예술과 일체화된 'FARET('창조하다'라는 뜻) 다치가와 아트 프로젝트'를 시작했다. 특정 장소에 예술작품을 설치하는 것이 아니라 주차장, 벤치, 환기구, 볼라드, 교각 등 원래 기능적인 설치물을

도시의 기능시설물을 예술작품으로 만든 다치가와시의 공공미술

예술작품으로 만들었다. 원래 필요한 시설물이 있어야 할 자리에 작품을 설치한 것이다. 그래서 벤치, 옹벽 등의 작품들을 길을 가다가 자연스럽게 즐길 수 있다. 모든 것이 획일화되어 답답한 도시에서 일상생활 속에 예술이 흐르는 길거리 미술관이 된 것이다.

경기도 안양시에서도 거리를 걷다 보면 곳곳에서 예술작품을 볼 수 있고, 만질 수도 있고, 앉을 수도 있고, 들어가서 이용할 수도 있다. 특히 안양 퍼블릭아트 프로젝트처럼 거시적인 프로젝트로 추진되는 공공미술은 괄목할 만하다.

지금의 도시는 공공미술의 보고라 할 수 있는 거리의 가구(Street furniture)가 많다. 저명한 아티스트들의 벤치, 버스정류장, 흡연소, 펜스 등이 거리를 걷는 시민들이나 관광객들에게 즐거움을 준다. 서울 강남구 삼성동에도 많은 조형작품들이 옥외에 배치돼 있다. 도시에서 공공미술은 더 이상 액세서리가 아니다. 이것은 퍼블릭아트로 예술이 일상이 되는 삶을 만들도록 하는 데 중요한 역할을 한다. 여유를 가지고 공공예술이 펼쳐지는 도시를 만든다면 아이들의 시선을 끌고 발걸음을 멈추는 미술관이 될 것이다. 하지만 작품이 설치된 장소와 어울려야 한다. 그렇지 않으면 금세 흉물이 되고 쓰레기장으로 변하게 된다.

을지로나 광화문과 같이 마천루가 즐비한 곳을 걷다 보면 크고 작은 조형물을 마주하게 된다. 크기가 큰 것은 쉽게 눈에 띈다. 건축비의

1%를 들인 것이니 클 수밖에 없는 경우도 있다. 물론 1% 법의 의무감으로 생겨난 조형물도 눈에 띈다. 특히 지자체에서 설치한 조형물 중에서 미적 경험보다는 과시용 장식물로 보이는 것도 종종 본다.

그럼에도 이런 조형물이 도심 속에서 사람들의 삶에 긍정적인 영향을 줄 수 있다면 일석이조가 아닐까 싶다. 건축주가 조형물을 설치해야 할 숙제가 아니라 사회에 공헌하는 것으로 여긴다면 좀 더 다른 작품이 탄생할 수 있을 것이다.

창의력은 새로운 생각을 하는 힘으로, 우리가 인생을 살면서 겪는 다양한 문제에 대해 독창적인 해결책을 만들 수 있다. 어떤 일을 극복하기 위한 아이디어도 창의력에서 나온다. 창의력이 풍부한 아이들은 부모의 도움 없이 일상의 문제를 해결하고 자립할 수 있다. 창의력은 학습에도 기본이 된다.

그런 창의력이 긍정적으로 발현되려면 외부에서의 좋은 자극이 도움이 된다. 좋은 의도로 아름답게 제작된 조형물도 아이의 창의력 발현에 아주 좋은 영향을 준다. 아이들은 지능이 발달하는 어린 시절부터 창의력을 키우는 것이 좋다. 일부러 아이를 데리고 예술작품이 있는 곳을 찾아가도 좋지만, 일상생활에서 볼 수 있는 좋은 예술품, 조형물도 필요한 것이다.

# 사람을 키우는 도시, 가나자와

●             도시는 어른들만의 전유 공간이 아니다. 누구에게나 평등한 도시가 되어야 한다. 도시에서 나고 자라고 배우는 아이들에게 도시의 수준은 곧 아이들의 수준이 된다. 내 아이가 어느 도시에 사느냐에 따라 내 아이의 삶이 달라질 수 있다.

## 가나자와의 문화적 DNA

나는 전주에서 자라면서 익히게 된 문화적 DNA가 성인이 된 후의 일상이나 지금 하고 있는 직업에도 영향을 미치고 있음을 알게 되었

가나자와시의 경관. 색채가 정돈된 도시(상), 건물이 통일된 가로(하)

다. 이처럼 자기가 어떤 도시에서 자랐느냐는 삶에 큰 영향을 미친다. 나는 도시 경관을 디자인하는 직업 때문에 여러 나라의 다양한 도시를 가게 되는데, 풍토에 따른 차이도 크지만 문화에 따른 차이도 크다는 걸 매번 느꼈다. 전주의 자매결연 도시인 일본의 가나자와를 방문하면서 전주만의 문화적 DNA가 있듯이 가나자와만의 문화적 DNA가 있음을 느끼게 되었다. 가나자와 시민들은 다른 도시에서는 볼 수 없는 일상에서 문화의 품격을 누리고 있었다.

가나자와 시민들은 예술가로 불릴 정도로 예술 활동이 활발하다. 직업과는 별개로 한 가지 이상의 예능은 가지고 있을 정도다. 어렸을 때부터 도자기를 빚고, 베를 짜고, 연극을 하고, 악기를 다루는 등 한두 가지는 배우고 즐기는 문화다.

가나자와 어디를 가더라도 볼 수 있는 것 중에 고품격 공예품이 있다. 호텔이나 특정 장소가 아닌 일반 서민들이 이용하는 곳에서도 만날 수 있다. 가나자와에 살거나 가나자와를 찾는 사람들이라면 누구나 공예를 즐길 수 있다는 것이 시민들의 자긍심이다.

시내를 걷다 보면 가장 많이 볼 수 있는 가게가 공예점이다. 가게의 진열장에 전시된 칠기, 도자기 등은 정교하고 섬세하며 거리의 갤러리 역할을 한다. 시내에는 공예점뿐 아니라 장인과 공예작가 등의 공방도 있다. 그러다 보니 수준 높은 공예품을 미술관이나 박물관을 가지 않고서도 일상의 거리에서 감상할 수 있다. 가나자와에서는 시민들이 일상에서 공예문화를 즐기는 생활을 유지하고 있다.

가나자와의 공예품. 일상생활에서 사용하는 칠기와 금박으로 된 식기

　　가나자와의 높은 문화 의식은 문화유산을 보존하고 도시 경관을 보호하는 일에도 그대로 발휘된다. 문화재인 가나자와성, 겐로쿠엔, 히가시 차야가이 등에 가면 경관이 아름답도록 안내판, 화장실, 펜스 등이 알맞게 배치되어 있다. 가나자와 공공디자인의 품격을 느낄 수 있다.

　　일본의 3대 정원 중 하나인 겐로쿠엔으로 들어가면 가로등, 정원등, 설명판 역시 모두 나무로 되어 있다. 설명판은 집 모양으로 만들었고, 정원등은 설명판의 모양과 똑같다. 펜스는 대나무를 엮어서 만들었고, 정원등은 펜스의 중간중간에 대나무 통에 끼워서 만들었다. 모든 재료는 자연 친화적인 나무다. 짚풀로 엮은 새끼줄로 보호줄을 쳐놓은 곳도 있다. 관람객들이 밟고 다니는 발판도 짚으로 짜서 놓았다. 구릉의 이끼나 잔디밭을 보호하기 위한 가드레일은 나무 기둥 사이사이에 새끼줄로 이어져 있다.

오래된 찻집들이 즐비한 히가시 차야가이에서도 거리의 중앙에 서서 바라보면 눈에 거슬리는 것이 없다. 시대가 바뀌었는데도 현대식 생활에 사용되는 도구들이 거의 눈에 띄지 않는다. 가스관이나 우수관은 건물과 같은 재료로 커버하거나 같은 색으로 칠해져 있어서 눈에 띄지 않는다. 에어컨 실외기도 격자창과 비슷한 디자인이다. 모래함마저도 갈색이다. 우리나라는 노란색이 많은 것과 비교하면 그 차이를 알 수 있다.

히가시 차야가이에는 건물의 내부를 리모델링하여 음식점, 기념품 가게, 찻집, 체험장 등으로 활용하고 있는 곳이 60곳이 넘는다. 대부분 반은 살림집으로, 반은 찻집과 가게로 사용하고 있다. 이들 모두 전통 건축물의 품격을 잃지 않도록 리모델링하고 있다. 천장에 설치한 에어컨도 짙은 갈색으로 칠해서 눈에 띄지 않도록 하고 있다.

상점으로 사용되는 건물에는 간판이 달려 있는데 간판의 크기가 매우 작다. 가로 15cm, 세로 25cm 정도로 상호만 겨우 쓸 수 있다. 밤에는 가로등 역할을 한다.

히가시 차야가이에서는 주민협정을 운영하고 있다. 차야가이로서 문화적 연속성을 유지하기 위해 골프 연습장, 대규모 주차장 등의 용도를

히가시 차야가이에서 발견한 야간 조명을 겸하는 간판

금지하는 약속을 만들었다. 또 자동판매기 설치를 금하고 있고, 판매 물품도 전통 공예품 등 가나자와를 대표하는 것만 판매하도록 했다. 주민 스스로 마을을 지키는 수준 높은 시민의식을 보여주고 있다.

　가나자와시가 지금의 모습을 갖추기까지 많은 영향을 미친 가문이 있다. 이탈리아의 르네상스 시대를 이끈 피렌체의 메디치 가문이 아니었다면, 이탈리아에서 그렇게 많은 유명 화가들이 배출되기는 어려웠을 것이다. 가나자와에도 메디치 같은 가문이 있었다. 바로 마에다

(前田) 가문이다. 가나자와의 수준 높은 공예 문화는 에도시대 마에다 가문의 공예 장려 정책에서 시작되었다.

일본 에도시대에 도쿠가와 막부 다음으로 큰 세력을 갖추었던 마에다 도시이에는 도쿠가와 막부로부터 견제를 받았다. 이에 마에다는 도쿠가와 막부와의 전쟁을 피하기 위해 정계에서 물러나 마에다 가문의 공예 문화를 전하는 데 힘썼다. 마에다 가문은 가나자와에서 쌀로 얻은 수확으로 학문, 공예, 예술을 장려하고 대중화하는 문화정책을 폈다. 교토와 에도에서 장인들을 초빙해 금속, 칠기, 도자기 분야의 가나자와 장인들을 훈련했다. 또한 마에다 가문은 다도를 즐겼고, 장인들은 여기에 사용되는 것들을 제작했다. 다도가 서민들에게도 생활문화로 보급되면서 결과적으로 서민들도 공예문화를 생활 속에서 누리게 되었다.

가나자와의 이런 문화적 DNA는 야마다 시장이 20년간 일관된 문화 행정을 펼치면서 더욱 빛을 발했다. 1990년부터 20년간 재임했던 야마다 시장은 "문화에 투자하지 않는 도시는 미래가 없다"고 했다. 그는 미술관 등 문화시설들은 이익을 남기기 위한 것이 아니라 가나자와의 얼굴이며, 이것이 바로 문화라는 사실을 설파했다. 시 의회나 시민들 모두가 이에 동의했다. 가나자와 시의원들도 어린 시절부터 가나자와의 문화적 토양 속에서 성장해왔기에 가나자와가 문화시설에 투자하는 것을 당연하게 생각한 것이다.

## 가나자와시의 특별한 문화정책

가나자와시는 시민들이 문화를 생활화하도록 하기 위한 정책에 힘썼다. 가나자와시의 문화정책은 시민이 문화와 예술을 즐김으로써 행복한 삶을 살 수 있도록 하자는 데 역점을 둔다. 예를 들어 가정에서 해결할 수 없는 문화 활동을 할 수 있도록 문화 거점을 다양하게 조성했다. 대규모 문화시설보다는 일상에서 문화예술을 나누고 자유롭게 드나들 수 있는 문화시설을 만든 것이다. 이것이 오늘날 가나자와를 이끌어가는 원동력이 되고 있다. 문화예술 공간은 생활 영역에서 멀리 벗어날 이유가 없다.

가나자와시는 100년 전 다이와 방적공장으로 사용했던 곳을 사들여 시민들의 문화 공간인 시민예술촌으로 개촌했다. 가나자와에 공연장은 많은데 시민들이 연습할 공간이 없다는 것에 착안해 공장을 '문화·예술의 놀이터'로 리모델링했다. 동아리의 연습, 공연, 전시가 가능하고 어린이 예술 교육도 이뤄지며 노년층의 문화예술 공간 역할도 한다. 시민예술촌은 언제나, 누구나 자유로운 곳이다. 24시간, 365일 쉬는 날이 없다. 사람들은 평일에도 저녁이 되면 시민예술촌으로 모여든다. 밤새 연습을 하는 사람들도 있다. 시민들이 쉽게 사용할 수 있도록 비용도 저렴하다. 또 시민 스스로 디렉터가 되어 운영에 참여한

24시간, 365일 시민들이 이용할 수 있는 시민예술촌의 모습

다. 낡고 흉물이 된 방적공장이 시민들의 삶을 풍성하게 하는 문화 발전소로 변신한 것이다.

가나자와시가 운영하는 시민예술촌, 창작의 숲, 우타츠야마 공예공방 등 각종 문화시설은 사실 적자를 내고 있다. 이용료가 저렴하여 전체 예산의 10분의 1 수준에 불과하기 때문이다. 가나자와시는 손해를 감수하면서까지 이런 시설에 투자하고 있다. 문화는 단기간에 성과를 낼 수 있는 산업이 아니라 인간다운 삶을 위한 생존권이라는 점을 알기 때문이다. 새로운 문화의 창조라는 목표가 있기에 1년의 흑자, 적자로 성과를 판단하지 않는 곳이 바로 가나자와시다.

가나자와 오미초시장은 1721년 처음 문을 연 이래로 약 300년 동안 '시민의 부엌'으로서 음식문화를 지탱해왔다. 오미초시장은 가나자와 사람들의 생활상을 한눈에 볼 수 있는 곳이기도 하다. 시장 2층에는 생선초밥, 덮밥, 우동 등을 파는 다양한 음식점이 있다. 놀라운 것은 음식과 잘 어울리는 도자기 그릇과 옻칠 국자 등의 식기에 음식이 담겨 나온다는 것이다. 시장에서 이렇게 고급스러운 그릇을 만나다니 놀라울 뿐이다. 우리나라 음식점에선 편리성을 이유로 플라스틱 그릇을 쓰는 곳이 많다. 심지어 불에 탄 자욱이 있는 것을 그대로 계속 쓰기도 한다. 이것에 비하면 가나자와는 어디에나 공예의 품격이 스며 있다.

오미초시장(상)과 오미초시장 내 미술관(하)의 모습

시장에는 미술관도 있다. 시장에서 장을 보는 길에 들를 수 있는 미술관이다. 언제 어디서나 예술작품을 즐기다 보니 시민들의 미적 감각이 향상될 수밖에 없다. 예술이 생활화되어 있는 것이다.

아름다움은 일상의 물건에서 학습된다. 가나자와는 생활 속의 섬세한 공예 기술이 일상이 되었다. 공예품이 아니라 공예에 담긴 정신이 지금 가나자와 사람들의 삶에도 스며든 것이다. 장인의 손에 의해 만들어져온 전통공예를 일상생활 속에서 사용할 수 있도록 시민들의 안목을 자연스럽게 키우고, 산업으로 발전시키고 있다.

# 0<sup>+1</sup> 가나자와의 21세기미술관

가나자와시의 중심부에 있는 초·중학교가 교외로 이전하면서 도시 공동화에 직면한 적이 있는데, 가나자와시는 도시의 중심축에 미술관을 배치하고 문화가 도시의 중심축이 되도록 설계했다.

21세기미술관은 UFO가 내려앉은 형상의 현대 미술관으로 건물의 형태만으로도 가나자와시의 랜드마크가 되었다. 우리나라의 많은 미술관을 보면 벽으로 둘러싸인 네모 상자가 떠오르는데 이 건물은 투명한 유리로 둘러싸인 원형이다. 도시의 중앙에 미술관이 있다는 것도 의아하지만 그 형태도 범상치 않은, 시민을 위한 미술관이다.

미술관 광장에는 현대 미술 거장들의 작품이 놓여 있다. 시민들이 친숙하게 방문할 수 있도록 사람과 건물이 하나가 될 수 있는 디자인을 했다. 건물의 외벽을 120장의 대형 통유리로 연결하여 경계를 허문 것도 특징이다. 외부와 내부의 높이 차가 없어 미술관 접근을 쉽게 할 수 있다. 동서남북에 있는 4곳의 출입구를 통해 모든 방향에서 자유롭게 출입할 수 있다. 누구나 자유롭게 예술을 마음껏 향유할 수 있다.

미술관은 유료 존(전시 존)과 무료 존(교류 존)으로 구분되어 있다. 유료 존은 오전 10시부터 오후 6시까지 운영된다. 무료 존은 밤 10시

UFO가 내려앉은 듯한 21세기미술관의 모습(사진:가나자와시 제공)

까지 운영된다. 무료 존은 관람객들이 자연스럽게 오갈 수 있고 주민
들이 상시적으로 이용할 수 있는 공간이다. 밤에 목욕탕에 갔다가 들
를 수도 있다.

　무료 존과 유료 존의 사이에 있는 벽도 투명한 유리로 개방감 있게
설계되어 무료 존에서도 유료 존의 작품을 일부 볼 수 있다. 미술관 안
팎에 있는 그 누구에게도 야박하게 대하지 않고 "어서 들어와서 마음
편하게 보라"고 손짓하는 미술관이다. 무료 존에는 제임스 터렐, 올라
푸르 엘리아손 등 세계적 작가들의 작품이 상설 전시되고 있는데 직

접 체험할 수 있는 대중적 작품들이다.

　가나자와시에 사는 초등학생이라면 4학년 때에 반드시 21세기미술관에서 실시하는 수업을 의무적으로 들어야 하는 '미술관 크루즈'를 운영한다. 초등학교 4학년 학생의 눈높이에 맞춰 누구나 쉽게 미술을 이해할 수 있도록 구성되어 있다. 전시품은 만져보거나 타보는 등 체험해볼 수 있는 작품들로, 아이들이 예술작품에 쉽게 다가갈 수 있다. 가나자와의 미래 주인이 될 아이들에게 예술적 소양을 전해주기 위해서다.

# 우리가 만든 도시, 도시가 키운 아이

나는 어릴 때 문화도시 전주에서 나고 자랐다. 전주에서 문화적 DNA를 가지게 된 나는 일본의 가나자와를 방문했을 때 가나자와 사람들에게 말로 설명하기 어려운 동질감을 느꼈다.

가나자와 사람들은 자기 집의 나무에 유키즈리(눈의 무게로 인해 나무가 부러지는 것을 막기 위해 나뭇가지를 줄로 달아매는 것)를 칠 때도, 담장에 거적을 덮을 때도 품격을 갖춘다. 가나자와에서 생활하기 위해서는 기능적으로 꼭 필요한 부분이지만, 외국인인 나의 눈에는 마치 작품처럼 보일 정도로 아름다웠다.

잘 정돈된 가나자와의 거리를 걸으며 새삼 느낀 것은 이곳에 강력한 디자인 규칙이나 규범이 있는 것이 아니라 이곳에 사는 사람들의 문화 의식과 수준, 그리고 이런 것들이 층층이 쌓여 바로 품격 있는 도시 가나자와가 만들어졌다는 것이다. 프랑스가 문화 강국이라는 말을 자주 듣는 까닭도, 파리의 오래된 건물들이 잘 보존된 이유도 바로 시민들의 문화적, 예술적인 의식이 높기 때문이다.

예술 수준은 우리가 아이들에게 학교에서 억지로 가르쳐서 얻어지는 것이 아니라, 우리 주변의 도시, 건물, 공간에서 자연스럽게 배우는 것이다.

### 공간과 아이, 여행, 그리고 근대 건축물

그동안 나는 아이에게 이런 공간의 중요성을 알려주고 문화적인 수준을 높여주기 위한 방법으로 다양한 곳을 함께 여행하며 공간에 대한 가치를 깨달을 수 있도록 도왔다. 해외여행을 가기도 했지만 국내에서도 자연 경관이 수려한 곳을 찾아 함께 보러 가거나, 뜻깊은 역사 공간을 탐방하기도 했다. 아이와 함께 찾은 곳 중에 아직도 기억에 남는 곳은 다산초당이었다. 여행을 통해 내 아이는 선조들이 자연과 공간을 어떻게 배치하고 디자인했는지를 자연스럽게 배우게 되었다. 아이가 중학생일 때는 세계사 공부를 돕기 위해 서유럽 4개국을 함께 여행했다. 여행을 떠나기 전《그리스 로마신화》,《서양미술사》,《먼 나라 이웃나라》,《서양 건축사》등을 함께 보며 공부했음은 물론이다.

그때부터 아이는 내게 의미심장한 말을 하기 시작했다.

"엄마, 우리나라 아파트는 모습이 다 똑같은데 한 사람이 설계했어요?"

"엄마, 그림은 꼭 미술관에 가서 봐야 할까요?"
"학교도 미술관이나 박물관처럼 문화 공간이 되었으면 좋겠어요."


아이는 점차 공간에 대한 관심이 커졌고, 특히 일상생활에서 가장 많이 접하는 학교에 대한 관심이 많았다. 당시 아이는 자기가 다니던 중학교의 학교 화장실을 개선하는 방향에 대한 의견을 학교에 냈고, 고등학교에 입학한 후에도 학교공간에 대한 아이의 관심은 지속됐다. 아이의 고등학교 생활기록부에는 3년 동안 희망 학과에 '건축학과'가 쓰일 정도로 특히 건축에 대한 관심이 많았다.

아이가 고등학생이 된 후에도 우리 가족은 짬을 내어 여행을 다니고자 노력했고, 도시와 건축, 공간, 미술 등 다양한 경험을 함께 했다.

자연스러운 결과였는지는 모르겠지만 결국 아이는 한 대학의 건축공학과에 입학했고, 본격적으로 공간에 대한 공부를 시작하게 되었다. 대학 입학 후 나는 아이와 '근대 건축'을 테마로 해서 매년 여행을 하기로 정했다. 대구, 군산, 전주, 인천 등을 거쳐 목포의 근대 건축물을 보러 갔다. 이런 관심의 연장선으로 우리 가족은 결국 목포의 한 근대 건축물 구입을 결정하게 되었다. 아이가 먼저 의견을 낸 것이다. 놀라운 것은 이 근대 건축물을 단순 리모델링하는 것이 아닌, 1930년대 사진을 토대로 건물의 가치를 온전히 보전하는 복원 작업을 하기로 결정한 것이다.

우리 가족이 이 건물을 잘 복원하면 이웃들도, 또 지역도 비슷한 생각을 하게 되지 않을까 조금 기대했다. 무엇보다 근대 역사를 복원하는 작업에 지역 사회가 관심을 가졌으면 했다.

건물은 1924년경에 지어졌다 보니 많이 훼손된 상태였다. 오래된 역사적인 자료를 찾아 현재의 모습을 분석해, 마치 문화재를 복원하듯이 설계와 시공 작업을 했다.

"이 건물이 이 지역의 등대 같은 존재가 되었으면 좋겠어요."

아이의 말처럼 공사가 끝난 후, 이웃들이 건물로 찾아와 기념촬영을 할 정도로 지역 사회 반응이 뜨거웠다. 지나가던 관광객들까지도 발길을 멈추게 할 정도가 되었다. 건물이 있던 곳은 아주 오래전에는 목포에서 가장 번화가였는데, 신도시가 생기며 점차 인구가 줄어들며 불이 꺼진 거리가 되었다. 심야 시간에는 어두워서 위험하다는 민원까지 들어왔던 곳이라, 건물이 복원된 후 요즘은 지역 주민들과 관광객들을 위해 밤 10시까지는 불을 켜둔다. 우리 가족이 복원한 이 건물이 부디 100년의 지난 시간을 머금고, 또 100년 앞 미래의 문화를 활짝 여는 상징물이 되기를 바란다. 무엇보다 지역 사회의 또 다른 변화를 위한 시작점이 되기를 바란다.

나와 함께 학교 공간 변화에 대한 이야기를 나누며, 다양한 공간 여행을 함께 해오던 아이는 이제 서른 살이 되었다.

## 공간으로 미래를 바꿀 수 있다

누구나 사는 방법은 다양한데 많은 부모가 아이에게 오직 공부만을 강요한다. 사는 것이 곧 공부인데 학교에서 배우는 공부만 공부라고 생각한다. 그러나 모든 아이가 이런 공부를 통해 자신이 원하는 모습으로 성장하는 것은 결코 아니다. 부모 스스로도 이미 성장하며 그런 체험을 충분히 하지 않았는가.

아이의 내적 성장은 경험을 통해서도 충분히 풍요로워질 수 있다. 특히 아이 성장의 바탕이 되는 공간을 통해서는 더욱. 어릴 때 경험한 다양한 공간이 아이의 눈을 뜨게 하고, 또 더 넓은 세상을 꿈꾸게 하는 기회를 준다. 나의 경우에도, 그리고 내 아이의 경우에도 어릴 때부터 영향을 받은 좋은 공간과 그 공간이 주는 긍정적인 체험이 바로 현재의 인생에도 큰 영향을 주고 있다.

세상의 수많은 사람이 도시, 공간, 시설 등을 만드는 데 참여한다. 소유주, 공무원, 설계자, 심의위원, 시민 등. 지금 사는 우리가 만든 시설 중 토목 시설은 100년 이상을 가기도 한다. 건축물은 한 번 만들어지면 그 모습이 나를 비롯해 내 아이, 내 손자까지 볼 수 있을 만큼 수명이 길다. 지금까지 만들어졌고 지금도 만들고 있는 도시, 공간, 시설은 이 일에 관여하는 사람들의 체험과 경험의 결과다. 지금의 학교 공간도 결국 학교를 만드는 사람들의 체험과 경험이 담긴 것이다. 지금의 아이들이 사용하는 공간을 바꾸지 않으면 아이들의 미래도 지금과 별반 달라지지 않을 것이다.

이제는 공간에 대한 우리들의 인식을 바꾸어야 할 때다.

# 공간은 교육이다

초판 1쇄 2023년 1월 3일

지은이 | 김경인

발행인 | 박장희
부문대표 | 정철근
제작총괄 | 이정아
편집장 | 조한별
마케팅 | 김주희 한륜아 이정연

표지 디자인 | 김아름
본문 디자인 | 김아름 김미연 변바희

발행처 | 중앙일보에스(주)
주소 | (04513) 서울시 중구 서소문로 100(서소문동)
등록 | 2008년 1월 25일 제2014-000178호
문의 | jbooks@joongang.co.kr
홈페이지 | jbooks.joins.com
네이버 포스트 | post.naver.com/joongangbooks
인스타그램 | @j__books

ISBN 978-89-278-7960-2 03540

중앙북스는 중앙일보에스(주)의 단행본 출판 브랜드입니다.